想瘦

不挨餓，不費力，
自然而然瘦出好體態

To Lose Weight Naturally

許夢然／著

序言

管不住嘴，邁不開腿，還有救嗎？

我是許夢然，加拿大滑鐵盧大學的一名臨床心理學家，曾經先後在加拿大兩家醫院的飲食障礙症門診部和住院部工作過，現在在加拿大當地私人執業。我已經從業將近七年，擅長幫助患者管理體重和克服飲食障礙，曾幫助過上百位年齡在18～50歲的肥胖症病人進行體重管理和飲食調節。

提到減肥，相信每個人都有一段心酸史：餓過肚子，累到肌肉痠痛，甚至還花了不少錢，但是效果並不理想。我們常常會遇到三大問題。

第一大問題：不能持之以恆。誰都知道減肥要少吃多動，但這太難了。看著好吃的不能多吃，下班回來累壞了還要逼自己運動，這不成了反人性嗎？所以一次次的減肥，最後都只能維持三分鐘熱度，沒多久就不了了之。

第二大問題：體重反彈。好不容易瘦了一些，但是沒多久就反彈回去，讓人很洩氣。我發現，不少朋友都是在溜溜球式減肥，也就是說體重像溜溜球一樣上上下下，瘦得快反彈得也快，就是保持不住。甚至沒怎麼見瘦，反而越減越胖。

第三大問題：減肥的過程太受折磨、讓人充滿了負面情緒。減肥就像上戰場一樣，繃緊了神經過日子，實在太累了。比如每天都要很克制地生活，只要稍微沒克制住，就會陷入深深自責。還要緊盯著體重計，只要沒看到效果，你就忍不住懷疑，是不是自己哪裡做錯了。這種感覺很壓抑，也很煎熬。

如果你聽完以上這些覺得：對對對！我就是這樣子！那我要告訴你，你可能搞錯了減肥的方向！

我常年做體重管理的輔導治療和專業研究，發現很多人都會有一個迷思，以爲減肥就是少吃多動，如果堅持不下來，只能怪自己懶、沒毅力。

但其實，人體具有系統的自足性，所以減肥是一個綜合性的工作，你不僅需要運動學、營養學的知識，還需要醫學和心理學的知識。缺乏其中任何一種知識，減肥都會很吃力。

你有沒有想過爲什麼胖的人總是你？爲什麼你連做夢都想瘦，但就是很難做到？毫不誇張地說，90％以上的肥胖以及不健康的飲食習慣，都是有著深層的心理因素的。那你又有沒有想過，你知道要「管住嘴，邁開腿」，可是人非聖賢，怎麼能夠面對誘惑輕鬆地說不呢？怎麼改變原來的壞習慣還不覺得委屈呢？你要了解這背後的身心規律，懂得借用身體的智慧，才能輕輕鬆鬆堅持下來。用片面的、對抗的態度來減肥，一不小心就會讓努力白廢。

在這本書中，我要給你一個減肥的新方向，不僅健康有效，而且非常順應人性。

你可能接觸過很多減肥方法，最常見的是吃減脂餐和學習各種健身動作。這些方法看起來好像眞的是捷徑，輕鬆有效。但是如果你嘗試過就知道：減脂餐眞的不好吃，而且你沒那麼多時間自己做飯，也沒那麼多精力堅持鍛鍊。那些看起來很好用、很容易的辦法，眞正做起來還是太難。結果學了新方法，卻還是很快走回了老路。而且有些方法太複雜，很難記得住，所以也逃不開三天打魚兩天曬網的結局。

本書裡我所教的一切方法，都以簡單易行作爲原則。當然效果是必須的。基於認知行爲療法的體重管理方式，是國際最流行也是臨床最有實證的干預手段，只是國內還很少有人知道。比如說：關於吃什麼，我不會告訴你怎麼忍住不吃愛吃的東西，而是怎樣聰明地吃，既不發胖又不委屈自己。你也不用花很多力氣去搭配營養餐，只要堅持「112」法則，透過目測體積來搭配四大基本食物群就行了。至於怎麼吃，你也不用勉強自己過午不食，只需要遵守4小時極限法則，這樣更符合體內血糖變化的規律，能加速新陳代謝。我甚至還會建議你每天吃一點兒零食。是不是很簡單呢？

再比如關於運動，你是不是也苦惱去運動一次太耗時間，要換衣服，要到運動場地，運動一小時實際上可能要付出兩三個小時的時間。在書裡我會教給你不用專門抽出時間，就可以在日常生活中增加運動量的方法。我還會介紹低量高頻的運動原則，可以幫你每次只運動5～10分鐘，一週3～5次，就能輕鬆瘦下來。這些方法，都經過了大量的實踐證明，效果非常好。

除了有效的方法，要想成功減肥，我們還必須面對減肥動力的問題。任何方式的減肥都是持久戰，所以缺乏動力永遠是減肥的頭號勁敵。

其實很多人在減肥中有著各種各樣的誤區和盲區。比如說，我們每次看到自己的贅肉，就覺得很討厭。於是我們經常去照鏡子，看自己瘦了沒，胖了沒，以爲這樣會激發鬥志去減肥。可你知道嗎？越討厭自己的胖，很可能就越難瘦下來。因爲身體裡充滿了自我嫌棄，就沒有力量行動。

再比如，很多時候，我們吃得太多，可能既不是因爲餓，也不是因爲饞，而是因爲心理需求。你是不是在心情不好的時候，就格外愛吃高糖分、高熱量的東西呢？如果我們沒有辦法疏解自己的壞心情，就會在不知不覺中情緒化進食，這時候一心只想管住嘴巴是沒有用的。

所以我會教你用四個步驟，化解在情緒助長下想吃的衝動；我會綜合心理學、醫學和營養學的知識，告訴你減肥的速度到底怎樣最好，要多久量一次體重，怎樣設置減肥目標最科學，壓力大的時候應該怎樣堅持減肥，怎樣可以覺察並抵抗來自環境的誘惑；甚至我還會帶你探討，你是不是從內心深處眞的相信自己能瘦下來，成爲一個身材健美、魅力四射的人？

總之，你會得到很多顚覆性的、超實用的「乾貨（精鍊、實用、可信的內容）」。面對減肥，只要掌握了正確的方法，你大可不必苦大仇深，也不用考驗意志力。

我想你可能已經發現了，我講的幾個問題都直擊核心。別看我是男性，我幫過太多人成功瘦身、克服不良飲食習慣，我很清楚眞正做起來的時候，你會遇到哪些困難。所以我會縱觀減肥的全過程，給你許多場景性的技巧，幫你在「卡住」的第一時間，拿出方法去解決問題。比如說，怎麼在吃到八分飽的時候立刻停下來？又想拖延了該怎麼辦？外出用餐怎樣防止吃過量？

不管你是爲了健康，還是爲了自信而減肥，減肥其實只是一個手段而已。單純盯著贅肉硬幹，即使瘦下來了，你眞的就能得到自己想要的東西嗎？我想要給你的，不只是減肥方法，更是幫你透過減肥開啓新的人生。

我不會吹噓你能想變多瘦就變多瘦，也不會鼓勵你追求短時間內減掉多少公斤。所以如果你想要快速減肥，不要求長久的效果，那麼你可能不適合本書。我希望你能收穫的是：更容易堅持的減肥方法、更輕鬆的減肥過程、更長期的減肥效果，還有更快樂的自己。

我期待著見證你的蛻變，你準備好了嗎？

目錄

Chapter 1 關於減肥，多的是你不知道的事

Chapter 2 減肥有風險，行動需謹慎

Chapter 3 一口吃個瘦子

Chapter 4

懶人運動福利

Chapter 5

心寬體不胖

後記

Chapter 1

關於減肥，多的是你不知道的事

減肥是個任重道遠的任務，

根據我的臨床經驗，

很多時候是準備工作沒做好，

進而導致減肥失敗。

減肥人的嘴，騙人的鬼

在這個追求顏值的時代，大家都希望自己夠瘦、夠美。有沒有好身材，不僅關係到健康，更關係到自信。我們一年到頭總有好幾個摩拳擦掌要減肥的時刻，比如剛過完節假日、春暖花開要減衣服的時候、烈日炎炎遮不住肉的時候，等等。我們一次次下定決心，要把減肥計畫付諸實踐，恨不得下一秒就開始行動。

接下來我們並不會馬上進入行動的階段，相反，我們會用一些時間來深入認識減肥常見的誤區，學習怎麼制定目標和保持動力，把減肥的準備工作做好。你可能會想：爲什麼不能直接開始行動呢？那讓我先來問你一個問題：你曾經嘗試過減肥嗎？你是怎麼做的，結果又如何呢？

我沒有辦法知道你的答案，但是根據我的經驗，我可以猜到：你嘗試過減肥，而且可能是很多次，甚至還爲此花過不少錢，但是結果總是不令人滿意。換個角度來想，我們在這本書中相遇，就是想要探尋更有效的減肥方法，不是嗎？如果不了解過去的減肥失敗在哪裡，又怎麼能在這次的減肥中成功呢？我見過五花八門的減肥方法，但是絕大多數人都逃不出溜溜球式減肥的惡性循環，也就是體重上上下下，不斷反彈。

溜溜球可能是80後的集體回憶了，想像一下溜溜球的運動軌跡：一下子滑下來，然後再咻的一聲上去。很多人減肥也是這樣：星期天滿是動力，信誓旦旦從下週起要節食，可能連著好幾天不吃飯不吃肉。然後週四突然有些堅持不下去了，下了班去見個好朋友，被拉著聚會逛街，逛著逛著就經不起誘惑，告訴自己「就例外一次」，然後開始亂吃亂喝，既然都已經破戒了，那不如一次吃個痛快，結果大吃好幾頓，減肥事業從此告一段落。溜溜球式減肥也會出現在運動上。週一辦了張健身卡，立下誓言要天天運動，打卡發朋友圈，堅持了一段時間，然後週四見完朋友覺得太累，心想休息一天也不會有什麼影響，接著週五正好手頭有個事情，結果就這樣拖了下去，再也沒做健身運動了。這樣的減肥模式帶來的結果是，體重也像溜溜球一樣來回擺動：開始一段時間體重的確降了下來，但堅持沒多久就反彈了，搞不好還超過減肥前的體重。

我們都知道不規律的飲食和運動會影響健康，但我們可能並不知道，這樣做的最終結果是會讓體重持續增加。而這一點，已經被大量的研究證實。有這樣一個神經心理學研究，用老鼠來模擬人類的溜溜球式減肥。在第一週只給老鼠餵草，相當於節食；第二週給老鼠無限的糖水，相當於暴食，就這樣反復循環下去。結果很有趣，有些實驗發現，經歷過溜溜球式飲食的

圓子，
喝奶茶嗎？
不喝，我在減肥。
奶茶
第二杯半價喔~
好喔！給我來一杯。
奶茶

老鼠體重增長得最快，脂肪積累得最多，也最容易暴飲暴食。（Kreisler, Mattock & Zorrilla, 2018）還有些實驗發現，這些老鼠即使減了肥，回到了原來的體重，依然更偏愛糖水，更容易暴食，同時脂肪的積累也更快。（Kreisler, Garcia, Spierling, Hui & Zorrilla, 2017）不僅如此，來自英國帝國理工學院的研究團隊發現，和長期攝入高脂肪食物的老鼠相比，經歷過多次體重反彈的老鼠，體內器官中會積累更多的脂肪。也就是說，反彈次數多了，更容易發胖。（Schofield, Parkinson, Henley, Sahuri-Arisoylu, Sanchez-Canon & Bell, 2017）

爲什麼溜溜球式減肥會增肥呢？其實，減肥是一個很簡單的數學公式，公式的一頭是能量攝入，另一頭是能量消耗。從生理層面來說，如果我們進行比較極端的節食，比如每天只吃一餐，戒掉米飯等碳水化合物，這個時候我們的身體並不知道發生了什麼，身體得到的資訊是目前食物不夠吃，於是便開啓了飢荒模式。從進化論角度來說，人類在過去的數百萬年中，飢荒年代遠遠多過豐收時節，所以身體在飢荒中的自我保護機制是非常強大的。在這樣的模式中，我們的身體會極速減慢新陳代謝，進而引起一系列變化，比如：因爲大腦營養不夠，認知能力下降；因爲沒有足夠血糖，身體發冷；爲了節省能量，肢體活動變慢；因爲身體想盡辦法從有限的食物中榨取能量，消化能力顯著提升。這樣一來，支出顯著減少，攝入反而增加，結果就是，體重下降一段時間之後，就會進入停滯期。所以成功的減肥方式一定是要順應身體的規律，跟身體做朋友。

從心理層面來說，就更有趣了。首先，假設每個人的意志力是有限的，極端節食會導致我們對高熱量的食物產生更強的慾望，特別是那些高糖分、高脂肪、高碳水化合物的食物。同時，因爲已經用掉了很多意志力去控制食慾，我們的控制力會慢慢降低。這樣的結果是，一方面控制力不行，另一方面食慾又大增，一旦遇到美食的誘惑，就很容易暴飲暴食。自暴自棄之後又會心生內疚和對自己的怨恨，接著更極端地去節食，然後會更加暴飲暴食。長此以往，我們的身體以爲我們在經歷一次又一次的飢荒，於是當下一次暴飲暴食時，消化系統會更有效地吸收營養，然後轉化爲脂肪儲存起來，結果導致體重不斷上升，同時自尊心不斷下降，懊惱怎麼總管不住自己。

如果你想要改變體重的話，要做到的第一點就是停止溜溜球式減肥，找到一個中間點，保持固定的飲食，少吃多餐，進行適當的體育運動。

減肥是一個數學等式，體重的變化值就等於能量的攝入減去能量的消耗，而能量的消耗有三個途徑：新陳代謝、運動和消化食物。你知道在這三個途徑中，哪一個占的比重最大嗎？是運動，新陳代謝，還是消化食物？答案是新陳代謝。我們常常只盯著運動，卻忽略了，其實新陳代謝占總能量消耗的65%左右。所以想要不節食、不運動的同時還可以適當地減肥，其實是有聰明的辦法的，那就是加速新陳代謝。

新陳代謝的調整，最主要是透過改變生活習慣，改變這些習慣比節食、運動要簡單太多了！這裡有十個比較容易做到的小技巧，可以避免你走上溜溜球式的減肥，利用身體的自身機能來達到減肥的目標。

①少吃多餐。這樣不僅可以刺激新陳代謝，還可以防止過度飢餓。

②每餐攝入蛋白質。因爲消化蛋白質需要更多的熱量。

③早餐要吃飽。豐盛的早餐會讓身體更快醒來。

④能站著就站著，不要坐著。這樣能幫助身體機能更加活躍。

⑤喝冷水，調低室內溫度。這樣一來，身體需要消耗更多熱量來維持我們的體溫。

⑥喝綠茶。

⑦喝咖啡。

（以上兩點都要注意控制糖和奶的攝入。）

⑧吃辣的食物。

⑨服用omega-3，比如深海魚油丸。咖啡因、辣椒、omega-3，都可以加速新陳代謝。

⑩保障充分的睡眠。缺少睡眠會導致食慾和飢餓感的增加。

不要小看這些技巧，如果你能很好地做到，它會幫助你省力地控制體重。不需要運動，不需要節食，只要運用這十個生活小技巧，你就可以不費力地減肥。

作業

1. 請在接下來的一週內嘗試上述的十個小技巧來減肥。
2. 請選擇以上至少五個小技巧，融入自己每天的生活中。

你可能減了個假肥

不知道你在生活中有沒有這樣的經歷，身邊有這樣兩群朋友：有的明明不胖，但是天天抱怨自己太胖，對自己的外表特別沒信心，這件上衣不能穿因爲太胖，那條裙子不能穿也因爲太胖。還有些人呢，恰好相反，他們體重不低，身材不瘦，可能算是偏胖的類型，但是他們對自己的身材很有信心，穿衣服從來不挑，活潑開朗，壓根沒想過要減肥。你遇到過這樣兩種人嗎？

這是個挺有趣的現象，也就是說，有的人可能生理上不胖，但是心理上胖；有的人生理上可能相對比較胖，但是心理上不胖。兩者之間最明顯的差距是在生活品質上面，我相信沒有人想過前者的生活，但要是能夠瘦下來，然後過著後者的生活，豈不就完美了？胖並不是一個單純的生理學概念，同時也是一個心理學概念。一方面，我們對胖的感覺很多時候是很主觀的；另一方面，我們對胖的感覺眞的會影響我們的行爲，進而影響到體重。

什麼是生理上的胖呢？你應該聽說過ＢＭＩ這個計算公式，ＢＭＩ等於你的體重除以身高的平方，體重以公斤爲單位，身高以公尺爲單位。20～25之間屬於正常體重，但是因爲東亞人骨骼比較輕，所以一般18•5～25都算正常。25•1～30算是偏重，30•1～35是一級肥胖，35以上則是二級肥胖。從統計學來說，BMI超過25之後，各種疾病的發病率會顯著提高，包括高血壓、糖尿病、心臟病、癌症等等。

可能你算出結果後，發現自己並不算胖，然後對這個結果很不服氣，覺得「我明明很胖啊」。我在臨床中接觸到很多人，他們都覺得自己要是能再瘦一些就更好看，可能更受歡迎，工作上可以更順利。有的時候，這種胖的感覺可能會很強烈，比如你某一天穿了一件比較緊身的衣服、天氣熱或者吃得比較飽，你就會覺得自己小腹太大、手臂太粗、腿太胖、腰太粗。然後你會陷入一種很消極的情緒中，對自己的身體很不滿，在別人面前畏首畏尾，沒有自信。

如果你有過這樣的經歷，那就不難理解：生理上的胖和心理上的胖是不一樣的概念。心理上對體重的感覺，在心理學裡叫做身體意象（body image）。身體意象和實際的體重有相關性，但不是完全重疊。比如某一天早上起來，你就是

哎呀，我真是太胖了，不行，我要快點減肥了！
你那樣叫胖的話，那我叫什麼？還給不給胖子一點活路啊？

覺得自己胖，穿什麼都不合身，然後心裡特別生氣抓狂，但可能第二天早上起來你卻不會感覺肥胖，很快選好一件衣服，出門上班回家，一切都順順利利。你的體重在這兩天並沒有明顯的變化，不存在睡了一覺就把體重給減下來的情況。但是同樣的體重，你對它的感覺可是一個天一個地。第一天你的身體意象很差，第二天身體意象卻還不錯。

你可能會問：身體意象不好，經常感覺胖，又有什麼不好呢？這樣對自己不滿意，不是更容易有動力去減肥嗎？其實不然，身體意象會影響我們的心態，進而「弄假成眞」地導致我們的身材眞的朝著我們以爲的方向去改變。

大量的心理學研究已經表明，不好的身體意象，特別是經常性感覺胖，會導致更多的溜溜球式減肥，進而帶來體重上升。負面的身體意象導致肥胖，這個比較難做實驗，因爲以道德層面爲考量，要刻意去把人餵胖是說不過去的。所以心理學家們利用懷孕的準媽媽來研究這個課題。賓夕法尼亞大學的兩位婦產科醫生，追蹤了747名準媽媽懷孕的過程，發現對自己的體重懷有負面情緒的準媽媽們，更容易在懷孕期間體重增加幅度超標。（Rushstaller, Elovitz, Stringer & Durnwald, 2016）澳大利亞迪肯大學的幾位心理學家也追蹤了150名準媽媽，得出的結論和前者一樣：在懷孕早期身體意象比較負面的準媽媽們體重增加得更快，而且這個增加量和她們的孕前體重沒有關聯。（Hill, Skouteris, McCabe & Fuller-Tyszkiewicz, 2013）

很多時候，就是因爲身體意象差，導致我們越來越胖。你可能覺得匪夷所思，其實道理很簡單。這是因爲，人們對自己的身體不滿意，會更容易採取極端但是不能持久的減肥方法，然後陷入我們前文所說的溜溜球式減肥陷阱，最後導致體重緩慢增加。

不光是健康人群，過度肥胖者也是如此。我在臨床工作中經常會遇到一些ＢＭＩ非常高的暴食者，他們的ＢＭＩ很多時候都是在40左右，很多人需要做胃切除手術。大家可能對這樣的人群有錯誤的理解，覺得他們根本不在乎自己的體重。事實卻恰恰相反，很多人一開始並不是那麼超重，他們就是因爲太在乎自己的體重，所以進行了好幾十年的溜溜球式減肥，結果體重咻咻地往上飆，最終導致了大問題。

爲什麼身體意象差，就容易採取溜溜球式減肥呢？請你來回顧一下，你什麼時候會容易不加節制地進食？往往是情緒比較強烈的時候。比如手上有一件壓力很大的任務讓你焦慮不安，又或者遇到了挫折很是氣惱。這就是情緒化進食，其實這種情況在我們的生活中無時無刻不在發生著。我們必須認識到，負面的身體意象很容易帶來各種負面情緒。你是爲自己的身材而自卑，自我嫌棄，甚至討厭自己，還是能夠自我欣賞，接納自己，看著鏡子裡不完美的自己依然能夠自信地度過每一天？這些情緒會在無聲無息中影響著你的認知和行爲，然後又反過來作用在你的身體上。

這裡有一個認知行為心理學的ABC模式，可以說明我們理解自己的行爲，從而幫助我們達到身心合一。我們的目的是去理解爲什麼我們會做出某些行爲，我們的行爲如何被情緒和認知影響。在這個模式中，A是誘發事件，B是認知，C是情緒和行爲。打個比方，對很愛美的女生小美，誘發事件可能是今天和朋友出去逛街買衣服，售貨員態度很輕蔑，上下打量了她幾眼，有一種瞧不起人的感覺。認知，也就是我們如何去理解這件事爲什麼發生在自己身上。小美的認知可能是：自己胖、身材差，售貨員可能覺得這麼胖的人穿不上這款衣服。因爲這樣的認知所產生的情緒可能是自卑、嫌棄自己，感到羞恥，而如此情緒所引發的行爲可能是極端的節食，但是又沒辦法持續下去，於是陷入溜溜球式減肥的陷阱中。

再來舉個例子：上班族Lily最近辦了一張健身卡，準備定期運動減肥。誘發事件可能是她準備換衣服去健身房，但是試了幾件健身衣，覺得穿在身上勒得很緊，在鏡子裡看起來特別顯胖。她的認知可能是：我太胖了，別人看到我穿緊身衣、身上的肉肉勒成這樣，一定會笑話我。這樣的認知帶來的情緒可能是不安全感，然後開始覺得難爲情和尷尬。在這樣的情緒下，她最有可能的行爲是逃避，不去運動，不去健身房，恢復暴飲暴食，減肥的計畫又一次告吹。

身心其實是一體的，我們的行爲並不是隨機的，而是由我們的認知和情緒所決定。很多時候我們只盯著生理層面來減肥，常常達不到理想的效果，就是這個原因。還有很多時候，我們試圖憑藉意志力來堅持減肥，卻常常失敗，也是這個原因。懂得借助心理層面的力量，可以幫我們真正徹底地控制體重，收穫更自信的心態。

作業

1. 請計算一下自己的BMI。
2. 請重新審視一下：自己是不是存在負面的身體意象呢？
3. 問問自己：在過去有沒有進行過溜溜球式減肥？效果又如何呢？
4. 請利用上述的ABC模式，利用本書附帶的ABC紀錄，對自己的溜溜球式減肥行為或者負面的身體意象進行記錄和分析，請每天完成一份ABC紀錄。

ABC模式

日期：__________

A. 誘發事件 發生了什麼事情？ 你在哪裡、正在做什麼？	和朋友上街買衣服，售貨員態度很差，上下打量自己，瞧不起人。
B. 認知 你產生了怎樣的想法？ 你有怎樣的信念？	我自己太胖，身材太差，別人瞧不起我，嫌棄我。
C. 情緒和行為 你經歷了怎樣的情緒？ 你做出了怎樣的行爲？ 結果如何？	情緒：羞恥、內疚、自卑。 行爲：逃避、極端節食。 結果：溜溜球式減肥。

沒有一頓火鍋解決不了的不開心

如果你不確定自己有沒有情緒化進食，你可以數一數下面七種生活中常見的情緒化進食，你經歷過幾種：第一，經常在不餓的時候大口進食；第二，經常吃得太飽，肚子撐到不舒服；第三，經常一個人躲起來悶頭大吃；第四，吃的速度比一般人要快很多；第五，在短時間內攝入的食物量比一般人要大很多；第六，吃完以後，經常會產生負面情緒，比如說焦慮感、抑鬱感、內疚感、厭惡感等；第七，在進食的時候經常感覺自己停不下來。

情緒化進食往往是由負面的情緒誘發的，一個很常見的情況就是面對壓力和焦慮感時，我們很容易失去對食物的控制，進而大量攝入所謂的垃圾食品。舉個常見的例子：快要考試了，又或者這段時間工作上的壓力很大，你擔心完不成任務，又害怕結果不理想。你可能突然就叫了一大堆外賣，或者拿出冰淇淋、糖果、巧克力，一盒盒吃掉，一桶桶解決，明明不餓，但是沒法控制，也不想控制。還有些時候，我們挨了批評，或者遇到了煩心的事情，飯量也會突然莫名其妙地增加，或者突然很想吃高糖分的東西。可是我們雖然得到了一時滿足，事後卻會有排山倒海式的罪惡感，情緒反而更糟糕了。

情緒是怎麼影響我們的飲食行爲的呢？來自美國阿拉巴馬州大學的心理學研究團隊，用老鼠來做實驗回答了這個問題。他們首先讓老鼠經歷了溜溜球式的減肥，也就是四天吃草之後六天喝糖水，接著用電流擊打老鼠，這樣老鼠就會體驗到強烈的壓力，就像人處在高壓情緒下一樣。結果他們發現，被電擊的老鼠，會比沒有被電擊的老鼠，在兩個小時內多吃一半甚至更多的食物。（Hagan, Chandler, Jarrett, Rybak & Balckburn, 2002）是不是很有意思呢？來自以色列的神經生物學家也做了類似的實驗，他們在懷孕的老鼠腦袋裡注射了一種病毒，會加速它們體內壓力激素的分泌，也就是它們同樣會感受到更大的壓力。結果發現，這些老鼠的後代在青春期會更容易暴飲暴食。（Schroeder, et al., 2017）老鼠都這樣，更何況情感超級複雜的人類呢？

面對高壓的時候，如果我們可以有技巧地管理自己的負面情緒，就不會出現情緒化進食。只有那些不知道該如何管理情

圓子，別吃了，
我記得你說你正在減肥的……
減個屁肥啊！
老子不開心，就是要吃。

緒的人，才會用情緒化進食來應對壓力。來自荷蘭的心理學家做了三組實驗，他們讓實驗對象採取不同的方式來應對他們自己的負面情緒，第一種是抑制情緒，也就是壓抑、忽視；第二種是重新評估情緒，也就是去覺察、審視自己的情緒；第三種是自然表達情緒。然後測量他們在正常狀態下，飲食上會不會有不同。結果發現，抑制情緒組的實驗對象會吃掉大量的高能量食物，但是重新評估組和自然表達情緒組的實驗對象就不會出現這種情況。（Evers, Stok & De Ridder, 2010）這樣的研究結果在中國人身上也一樣適用。來自安徽醫科大學的研究團隊追蹤了4316名高中生，他們的結論是：如果我們抑制自己的負面情緒，比如忽視不理、假裝沒事，就更容易情緒化進食，從而導致肥胖。（Lu, Tao, Hou, Zhang & Ren, 2016）

總的來說，我希望各位可以記住這兩個關鍵點。第一，負面情緒會透過各種生理、心理的機制，引發情緒化進食，結果就是過度攝入高熱量食物，導致肥胖。第二，負面情緒本身並不會導致情緒化進食，我們如何去管理自己的負面情緒，才會決定我們會不會進行情緒化進食。

既然情緒化進食這麼不好，那我們該怎麼辦？其實第一個難點在於，我們經常會忽略它，也就是常常意識不到自己是在情緒化進食。你可能覺得有點兒詫異，覺得「我沒有啊」。但試想一下，一個人之所以會情緒化進食，不就是因爲他不能及時覺察到自己的情緒，或者不能照顧好自己的情緒嗎？情緒化進食其實就是壓抑情緒的一種表現，因爲潛意識選擇了壓抑它，所以如果你不去主動觀察，自然就會忽視它，誤以為自己的進食只是出於身體需要。所以，如何辨別自己到底是正常進食，還是在情緒化進食？這是很關鍵的。

首先，我希望你在每次進食的時候，可以抽出短短一分鐘的時間，暫時停止自己的一切行動，先問問自己下面這五個問題：

①我現在是餓還是飽呢？如果已經吃飽了，現在是幾分飽呢？這個問題可以幫你把注意力集中到自己的腸胃部位，而不是嘴巴。

②我現在吃飯的速度是正常還是過快？這個問題可以幫你把注意力集中到自己雙手的動作速度，以及下嚥的速度。

③我現在是在一個人吃飯還是和一群人吃飯？如果是自己一個人吃飯，我是不是在有意地避開他人？這可以幫你把注意力集中到身邊的環境。

④我這一刻對自己的飲食有多少控制力，如果我現在要停止飲食，不再繼續吃盤中的食物，我可以做到嗎？這幫你把注意力集中到自己如何和眼前的食物相處。

⑤當我吃完眼前這些食物後，我會對自己有怎樣的想法，又會產生怎樣的情緒？我會不會覺得後悔、內疚，有罪惡感？這個問題幫你把注意力集中到未來，而不只是眼前這一刻。

這五個問題可以幫助你打破自己長久以來養成的習慣，從而辨別你到底是在正常飲食，還是在情緒化進食。建議你把這五個問題記下來，貼在你的餐桌邊，或者記在你的手機裡，方便你每次都可以想到。

然後，利用我們上一節介紹的認知行為心理學ABC模式，去覺察、記錄、總結：到底是怎樣的情緒會誘發你的情緒化進食。

這個問題並沒有標準答案，因爲每個人的情緒體驗是不一樣的，同時我們的情感敏感性也是不一樣的。有的人可能對壓力、焦慮特別敏感；有的人可能是憂鬱、難過時容易情緒化進食；而有的人可能對內疚、委屈沒有抵抗力。在接下來的一到兩週裡，我希望你可以記錄自己的飲食行爲，就像我們寫日記一樣。當你發現自己又出現情緒化進食時，我希望你可以記錄下：誘發事件、認知、情緒以及行爲。積累了一定資料之後，你就會發現何種情緒最容易導致自己情緒化進食。根據來自比利時和義大利的臨床研究，最常見的觸發暴飲暴食的負面情緒有五種：無聊、憂鬱、焦慮、緊張以及悲傷。（Vanderlinden, Grave, Vandereycken & Noorduin, 2001）

作業

1. 請進行自我審視：上述的七種情緒化進食，你體驗過幾種呢？

2. 在經歷負面情緒時，你是怎樣面對這些負面情緒的呢，是抑制情緒，還是重新評估或者自然表達情緒呢？

3. 在接下來的一週，請在自己進食的時候，抽出一分鐘時間，利用第一個技巧，迅速地回答上面提到的五個問題。

4. 在接下來的一週，請繼續使用本書附帶的ABC紀錄，對自己的情緒化進食進行記錄和分析，並回答這樣一個問題：什麼樣的情緒會誘發你的情緒化進食？

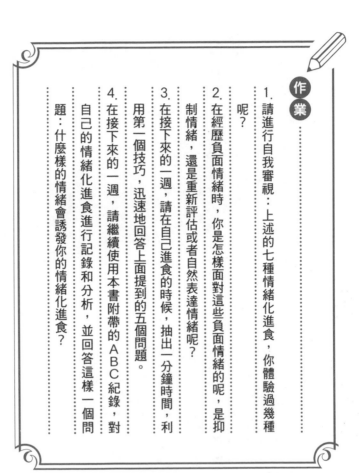

ABC模式

日期：__________

A. 誘發事件 發生了什麼事情？ 你在哪裡、正在做什麼？	
B. 認知 你產生了怎樣的想法？ 你有怎樣的信念？	
C. 情緒和行為 你經歷了怎樣的情緒？ 你做出了怎樣的行爲？ 結果如何？	

一切都是童年的錯嗎？

爲什麼當我有負面情緒的時候，會用飲食來解決自己的情緒問題？爲什麼我明明知道這樣的生活習慣對自己的體重不好，卻還是一如既往地繼續下去？如果你有過這些疑問，那麼本節內容就是爲你寫的。

絕大多數人的肥胖是後天經歷造成的，特別是童年的經歷。儘管我們已經成年，但可能依舊背負著童年的包袱。這些包袱已經不知不覺中成了我們的一部分，每時每刻影響著我們的認知、情緒以及行爲。減肥的第一步是拒絕增肥，那麼就需要去發現童年的經歷是怎樣影響著我們當下的行爲方式，食物在我們心中到底意味著什麼，肥胖對我們來說代表著什麼。

過去我有一個病人叫婷婷，她是在這樣的家庭裡長大的：媽媽家裡人都很愛吃，用我們現在的話來說是一家子「吃貨」，每次家庭聚會總離不開各種聚餐，而且吃的都是大魚大肉，到最後，一家子都是吃到體型偏胖。婷婷小的時候每次去外公外婆家，老人總是給她各種好吃的，生怕餵不飽。但是爸爸家完全相反，一家人很自律，對自己、對他人要求特別高，特別完美主義。她的爺爺奶奶非常看重身材，每次婷婷過去玩的時候，就會說：「婷婷啊，你是不是最近又胖了，這樣身上都是肉，多難看啊。如果嘴巴都管不住，你將來怎麼能夠出人頭地？」一在這樣一種環境下成長，婷婷學到的是兩種截然相反的信念。媽媽家的信念是：食物就是快樂，食物是滿足感的唯一來源。爸爸家的信念是：我沒有用，我不夠好。前者是對食物的信念，而後者是對自己的信念。

從認知行爲心理學上來說，我們稱之爲信念，但它們並不是事實，只不過是我們對事實的一種詮釋罷了。不同的人對食物會有不同的信念，比如婷婷認爲食物帶來的是滿足感，但對有些人來說，食物帶來的是罪惡感。不同的人對自己也會有不一樣的信念，比如婷婷認爲自己沒用，別人不喜歡自己；而有的人會覺得自己很優秀，能夠得到他人的認可。問題在於，如果我們對食物、對自己有消極的信念，那麼一些小事會很容易觸發負面的認知和情緒，進而造成情緒化進食。

拿婷婷來說吧，因爲她是一個護理師，在醫院輪班一次就是12個小時，所以壓力很大。而壓力會很容易觸發她對自己的消極信念。比如說，她給一個病人打點滴，有的時候血管比較難找，需要紥好幾次針。但是這個病人脾氣比較急躁，指責婷婷說她連打點滴都做不好還怎麼做護理師。這就徹底觸發了婷婷對自己的消極信念。就像她小的時候經常被爺爺奶奶批評一樣，婷婷開始想：也許他說得有道理，也許我的確不適合做護理師。婷婷的情緒變得越來越差，對自己生氣，開始回想過去種種失敗的經歷，然後越想越抑鬱。

你可能也有過同樣的經歷，這麼抑鬱其實很難受的，特別是到了晚上回到家，自己一個人的時候情緒就更低落了。到了晚餐的時間，婷婷對食物的信念就被激發了，因爲她相信食物可以提供滿足感，這樣很自然地，她就開始用食物來解決自己的不開心。吃著吃著，婷婷也就暫時忘記了自己的壞心情。只可惜的是，情緒化進食只能在短期內幫助我們降低負面情緒，結束了大吃大喝之後，她突然意識到自己剛才暴飲暴食了，於是又一次地感覺到，自己當眞什麼都做不好，連自己的飲食都控制不了，因而更抑鬱了。

我們的生活習慣，特別是飲食習慣，很大程度上受我們的情緒支配，而這些負面情緒往往和我們過往的經歷有著千絲萬縷的聯繫。我希望你可以留心生活中什麼事件會令你產生強烈的情緒，而這些事件到底觸發了怎樣的信念，我希望你可以問自己一個問題：我這樣消極的信念到底是從哪裡來的，和我過往的經歷有關嗎？

婷婷只是一個例子，生活中還有很多種對自己、對食物的消極信念。再舉一些其他例子。有的人從小家庭條件比較艱苦，可能吃一頓飽飯就不知道什麼時候會有下一頓，這樣孩子會意識到：如果當下有的吃，一定要吃飽，不然會餓著。儘管現在他長大了，生活條件比以前好很多，但他潛意識裡仍然認爲要吃到飽才好。還有的家庭很討厭浪費食物，這也沒有錯，但是孩

唉，實在吃不下了。
這就不吃了？多浪費啊。

拿來拿來，給我吃，
我媽從小就教育我，浪費可恥。
圓子，你知道你為什麼胖嗎？

子從小就會形成這樣的印象：我一定要把碗裡的都吃掉，不然爸媽會罵。到了今天，他吃飯的時候寧願撐著自己也不能把食物倒掉。有的父母可能會用食物來獎勵或安慰孩子，比如：考試好了給買好吃的，不開心的時候給買好吃的。這樣孩子不知不覺形成了習慣，把食物當作是安慰自己的最佳方法。還有的孩子從小缺乏安全感，不論是父母的婚姻問題，還是在學校被別人欺負，都對別人缺乏信任感，而長得胖從某種程度上可以成爲一個安全的壁壘。

對自己的信念，大概有兩個大類：一個是對自己沒有信心，認爲自己在各個方面都很失敗，自己不夠好；另外一個是對自己和他人的關係沒有信心，認爲沒有人會喜歡自己。而這些信念和我們童年的經歷，不論是自己的原生家庭，還是在學校的老師同學，有著莫大的關係。

長期的心理學研究也證明，童年的創傷會導致成年期的肥胖。一個來自瑞典的研究團隊集中分析了23個研究專案、11萬多名實驗對象的資料，發現任何一種童年創傷，無論是生理上的還是心理上的，都會顯著提高成年肥胖的發生率，而且創傷越嚴重，肥胖的機率越高。（Hemmingsson, Johansson & Reynisdottir, 2014）美國史丹佛大學的心理學家也得出了相同的結論，他們分析了一萬多名受試女性，結果發現16歲前發生的創傷會導致成年肥胖。（Alvarez, Pavao, Baumrind & Kimerling, 2007）美國波士頓大學的研究團隊分析了8000多名青少年，得出結論：童年父母的缺失會導致青少年時期的肥胖。（Shin & Miller, 2012）

你可能覺得有點吃驚，童年的創傷跟成年後的身材竟然有這麼密切的關係。來自義大利羅馬大學的心理學家們也指出，童年創傷會導致負面情緒，進而帶來成年肥胖。（D'Argenio, Mazzi, Pecchioli, Di Lorenzo, Siracusano & Troisi, 2009）

減肥是個任重道遠的任務，根據我的臨床經驗來說，很多時候我們的準備工作沒有做好，進而導致減肥失敗。所以說，減肥的第一步是要能夠全面停止增肥。增肥最常見的原因就是情緒化進食，而之所以生活中的一些事件會給我們帶來負面情緒，很大程度上是因爲我們對食物和自己存在消極的信念，這些信念往往來自我們的童年經歷。

減肥這萬里長征的第一步，就是能夠充分覺察到自己的消極信念。在接下來的幾天，我希望你可以用心去留意自己的負面情緒，留意不健康的飲食習慣，在那一刹那，看看你能不能描述出自己負面情緒或不健康飲食背後的消極信念。然後記錄下來，當你一個人靜下來的時候，你可以問自己：我這種信念是從哪裡來的，是誰給了我這樣的信念？當你找到自己信念的來源時，這信念就不再那麼強大了，你也就可以用更成熟的角度來審視這樣的信念，進而決定自己的行爲。

作業

1. 請進行自我審視：自己有著怎樣的童年經歷，而這些經歷是如何影響到我們的飲食行為的呢？
2. 你對食物和自己有怎樣的負面信念？這些負面信念又怎樣影響到你的情緒化進食？
3. 在接下來的一週，請使用本書附帶的ABC紀錄，對自己的負面信念進行記錄和分析，特別是那些生活中的不順心和壓力大的負面事件。請回答這樣一個問題：這些信念來自哪裡？這些負面信念和我的童年經歷有關嗎？

Chapter 2

減肥有風險，
行動需謹慎

如果你想要減肥成功，

並能夠長期保持減肥的成果，

那麼從一開始就要尊重自己的身體，

接受自己的不完美。

每喝一杯奶茶，離你男神就遠一步

很多人在減肥路上難以持之以恆，常常三天打魚兩天曬網。在我看來，凡是不能持續的減肥，都是假減肥。在本節我會介紹一系列心理學技巧，幫助你保持減肥的動力，擺脫對意志力的依賴。

我想先請你和我做一個小練習，探究一下自己減肥的動機，我相信你與減肥一定有著自己的故事。這個練習需要你做些紀錄，如果你現在有紙筆最好，不方便的話用手機打字也行。如果條件可以的話，我希望你可以找到一個安靜的場所，一個舒適的角落，然後來進行這個練習。

接下來用三分鐘的時間，認眞地問自己一個問題：我到底是爲了什麼減肥？我減肥的初心是什麼？請你在白紙上寫下至少三個想要減肥的原因。

接下來用三分鐘的時間，問自己下面這個問題：什麼樣的場景最容易讓我放棄減肥的計畫？在我的減肥過程中，最大的挑戰和誘惑是什麼？請你在白紙上比較詳細地描寫一下，這樣的場景大概是怎樣的，比如有的人可能最怕吃到飽 Buffet，有的人最經不住甜食的誘惑，而有的人可能怕熱不想出門運動。

然後，請你確保現在處在一個安靜、舒服的狀態，將眼睛閉上，雙腳平放在地板上，保持身體挺拔。接下來進行一次深呼吸，深吸一口氣，1、2、3、4、5，深呼一口氣，5、4、3、2、1。再深呼吸一次，1、2、3、4、5，5、4、3、2、1。

在腦中想像一下，你現在正置身於你上面所描寫的、在減肥過程中對你最具挑戰和誘惑的場景裡面。請你想像一下細節，越多越好。比如說你在哪裡，正在做什麼，和誰在一起，環境是怎樣的，心情又是怎樣的，面對著怎樣的誘惑，大腦裡又在想著什麼。然後提醒一下自己，前面寫到的減肥的三條原因。

現在問你自己：在這樣一個場景下，我的這些減肥動機對我最後的選擇能起到多大的作用？如果提醒自己不忘減肥初心，我可以做到對誘惑說「不」嗎？如果你的答案是：我的減肥動機足夠強，可以幫我抵抗誘惑。那麼恭喜你，請繼續保持下去。但是我相信，對很多朋友來說，答案可能是：不行，在誘惑面前，我的減肥動機變得蒼白無力。要嘛我還沒來得及提醒自己，就已經開始偷懶或者貪吃了；要嘛我提醒了自己，但還是控制不住。

爲什麼你明明想減肥，但就是做不到呢？這需要審視一下你的減肥動機，它們是表層的，還是深層的呢？是廣泛的，還是更具體的呢？是和你的價值觀、生活觀、世界觀緊密相連的嗎？

舉個例子：我在臨床中接觸了很多暴飲暴食的病人，當我問他們同樣的問題時，發現他們的答案通常可以分爲兩大類。第一類是很寬泛、表面的減肥動機，比如說：我想更好看，我想讓自己更受歡迎。而第二類則是非常具體、深入的減肥動機，比如說：我的高血脂、高血糖讓我沒辦法懷孕生孩子；我想活得更健康長壽，去陪伴自己的家人；我想給我的孩子做一個好榜樣，讓他們養成健康的生活習慣。你發現了嗎？第二類減肥動機，一般和他們的「三觀」緊密相連，比如重視對家人的陪伴、希望成爲好父母等等。有趣的是，有著第二類減肥動機的人往往減肥效果更好，而有著第一類減肥動機的人，大多半途而廢。由此可見，減肥動機對減肥是否成功有著很大的影響。

這一點不光是我個人的經驗，而且已經得到了研究上的證實。比如有一項研究向一半的肥胖病人教授了各種減肥的方法，但是沒涉及減肥動機；而對另一半病人，不僅教授了減肥的方法，還強化了減肥動機，比如把減肥和長期的人生目標掛鉤。有趣的是，後者這些病人明顯比前者減肥更成功。（West,et.al.,2011）還有一項研究，長期觀察一批肥胖病人，他們都採取了同樣的減肥治療方案，唯一的差別就是動機不同，比如有的人是爲了外表減肥，有的人是爲了健康減肥。最後發現，他們的減肥效果也有很大差別。（Kalarchian,et.al.,2011）

多好的機會，為什麼不打招呼？
唉，我不敢，
誰會喜歡一個胖子呢？
所以這就是你減肥的原因
嗯……

爲什麼不同的動機帶給人的動力會差這麼多呢？該怎麼在動機上打贏減肥第一戰呢？

成功的減肥需要的不只是動力，更需要的是深層次、跟我們「三觀」相吻合、跟我們生活目標相匹配的動力。道理其實很簡單，我們大家都有著某些深層次的動力，比如我們有長遠的生活目標，像是家庭、事業、愛情、身體健康等；或者我們可能有自己非常重視的價值觀，比如勤勞、知足常樂、自律、積極向上等。這些動力貫穿著我們每天的生活，在我們遇到困難和挫折的時候會激勵著我們勇往直前。

在你過去的人生中，一定遇到過不少的困難，當你走到最黑暗、最絕望、最無助的時候，是怎樣的動機支撐著你走下去，是什麼樣的夢想讓你沒有放棄？這些動力是我們生活中最強大的動力，也是我們最可以依賴的力量。如果我們可以把減肥和這些最深層次的動力聯繫起來，也就是說把減肥和你的生活目標、價值觀直接掛鉤，減肥就可以成爲你生活中不可或缺的一部分。這樣一來，在面對誘惑、挑戰的時候，你就更容易喚醒自己的減肥初心，激勵著自己做出更理智的選擇。

打個比方，對你來說，你堅信天道酬勤、一分耕耘一分收穫、只有自律的人才能獲得成功。如此一來，不加節制的飲食和你的價值觀相違背，那麼這可能就是你最強有力的減肥動機。沒有人想過說一套做一套的生活，大家都希望可以在每一天的生活中，按照自己的價值觀來處事待人。肥胖是不是和你的價值觀相矛盾呢？

我希望你在減肥之前問問自己：在你的生活中，最深層次的動機在哪裡？減肥和你長期的生活目標有著怎樣的聯繫？肥胖和你的價值觀有衝突嗎？

當你找出深層次的減肥動機後，請你把這些減肥動機寫在一張小紙條上，隨身帶著，或者可以直接設置爲手機桌面。在接下來的日子裡，當你再遇到誘惑和挑戰的時候，當你的決心開始動搖的時候，請你拿出這張小紙條，讀一讀你的減肥動機，然後再去決定該怎麼做。

作業

1. 請透過寫作的方式完成對下面問題的回答：在你的生活中，最深層的動機在哪裡？減肥和你長期的生活目標有著怎樣的聯繫？肥胖和你的價值觀有衝突嗎？

2. 請記錄下至少三條實現健康生活方式的深層動機。

3. 請將這些深層動機寫在一張小紙條上，放進錢包隨身帶著，或者放到自己手機裡，當你的決心動搖的時候，請重新閱讀自己寫下的深層動機。

胖怎麼了，用你家沐浴乳了？

減肥之所以難，對很多人來說，就難在堅持，既要克服惰性，又要禁慾，簡直是一件違反人性的事。所以很多人都認爲，減肥得靠意志力才能撐得住。其實如果你用意志力來減肥，就是在跟減肥對抗，這裡隱含著一個有趣的現象：越討厭自己的胖，就越難瘦下來。本節我們就來聊聊這個話題。

可能你會有些不同意：不對啊，我不喜歡胖才會有動力瘦下來啊，怎麼會起反作用呢？那我要反過來問你一個問題：你十次抱怨自己太胖，有幾次眞的堅持減肥超過了一個月？可能在減肥初期，這樣的態度可以激勵你：不行，我要減肥了！但是長久來說，它並不能給你提供持續的動力。

道理其實很簡單，就是身心一體原則。當你討厭肥胖，照鏡子看自己不夠好看，捏著贅肉滿心嫌棄的時候，你就處在負面情緒中。這就很容易導致你在不知不覺中情緒化進食，掉到溜溜球式減肥的誤區裡。另外，其實很多人的肥胖不單單是生理層面的問題，根源在於內心背負著的童年的包袱，或者是一些對自己的負面信念。你每一次指責自己的肥胖，其實就是在指責

「你看，你果然不夠好」，內在的你就又一次受了傷，就更不想去面對現實了。

這就好像小時候父母督促我們學習，如果我們不好好寫作業，他們就指責說：「你這個孩子就是貪玩，看你這次考試能考幾分？」哪怕我們心底認同他們，也覺得應該去寫作業，但就是行動不起來，拖拖拉拉。這其實就是因爲，我們對自己的負面信念被激發了，消極的情緒會引導著我們自暴自棄。

所以，那些老是把「我太胖了」掛在嘴邊的人，很難眞的瘦下來。已經有很多研究證實了這一點。

這種態度會影響我們的行動。來自丹麥的臨床心理學家嘗試了兩種方式來改變人們的暴飲暴食。第一種是傳統的方法，鼓勵大家透過各種方式來克制飲食、增加運動。這也是我們通常的減肥方法，但這樣一來，這些人對自己的評價越來越負面，總怪自己這裡沒做好那裡沒做對，很難堅持執行減肥計畫。第二種方案，是不僅教他們減肥的技巧，更重視幫他們去尊重、愛護自己的身體，去全面地接受自己。這樣一來，這些人不再對自己苛刻，也很少體會負面情緒，對減肥的過程更有耐心。結果顯然是第二種方案的效果更好，讓人更願意去控制飲食、增加鍛鍊。（Meyer, Waaddegaard, Lau & Tjornhoj-Thomsen, 2018）來自葡萄牙的心理學家做了一個類似的實驗，結果發現，當人們尊重自己的身體，並且對自己更加憐憫時，他們不僅運動量有所增加，而且飲食習慣更健康，生活品質也得到很大提高，更少出現心理疾病。（Palmeira, Pinto-Gouveia & Cunha, 2017）所以，自我接納，能夠更好地激發我們做出對自己有利的行爲。

那麼，如果我們不喜歡自己的身體，認爲肥胖是種恥辱，對我們實際的減肥效果會有影響嗎？來自美國賓夕法尼亞州的醫療研究團隊追蹤採訪了80名減肥人士長達兩年之久。他們發現，一開始就對自己的肥胖充滿了負面情緒的人，在減肥進行了6個月之後，不論飲食還是體重都沒有任何改善。而一開始就對自己有憐憫心的人，尊重自己的身體，不僅體重有了明顯下降，而且可以長期保持健康的體重。（Mesinger, Calogero & Tylka, 2016）

如果你一提到自己的胖就恨得牙癢癢，或者感覺很羞愧，那麼你的減肥有可能不會成功。相反，如果你想要減肥成功，並能夠長期保持減肥的成果，那麼就要從一開始去尊重自己的身體，接受自己的不完美。

那究竟什麼叫做「尊重自己的身體」，又該怎麼做呢？這裡有兩個心理學的技巧。

第一個技巧，我把它稱爲「回歸身體的功能性」。也就是說我們要意識到：身體不只是一個體重數字，一個衣服尺碼。如果沒有我們的身體每時每刻的辛勤工作，你我並不會在這一刻呼吸著新鮮空氣，在這樣一個美麗的世界裡享受生活。在這一刻，請你暫停手中的一切工作，深吸一口氣，用耳朵聆聽身邊的聲音，用鼻子聞聞周圍的味道，用眼睛觀察左右的風景，用手指去感受一下空氣的冷暖。這眞實又美好的一刻，離開了我們身體的任何一部分，都將不復存在。我們之所以活著，是因爲我們的心臟在強有力地跳動著，我們的腸胃在努力地吸收能量，我們的血液在不停地運送著氧氣。你能夠感受到它們嗎？如果沒有身體，我們就不可能存活，也不可能去和自己愛的人分享生活，爲自己的理想去打拼，爲自己和家人爭取更多的幸福。我們的身體是功能性當先，其次才是裝飾性。當我們認爲身體的裝飾性優先於它的功能性時，我們就會忘記身體爲我們所做的一切，也就不記得去尊重和感恩我們的身體。

所以我希望，當你留意到你對自己的身體充滿負面情緒時，能夠把它當作一個老朋友，提醒一下自己：你的身體給了你多少幫助？是它的功能性更重要，還是裝飾性？對你愛的人、愛你的人來說，他們又是更在乎你身體的功能性，還是裝飾性呢？如果有時間的話，你可以去做一些正念的練習，去感知自己的身體，感受自己的呼吸，從而對身體感恩。

第二個技巧，主要是從行爲入手，去糾正因爲討厭自己的身體而採取的消極行動。想要更加愛護和接納自己的身體，首先要停止無意識中對身體的「虐待」。負面的身體行爲，一般體現在三個方面：對自己過度挑剔，喜歡拿自己跟別人比，以及逃避直面自己的身體。

首先，在對自己過度挑剔方面：很多人會每天花很多時間照鏡子，或者看到任何反光面都要照一照。越是對哪個部位不滿意，就越忍不住去不斷檢查。比如覺得自己有小肚子，就不斷在鏡子裡看自己的小腹，左看右看，站著看坐著看，甚至還會去問別人，看別人會不會留意到自己的小肚子。這樣的行爲最終並不會改變你的身體，只會讓你對自己越來越不滿。我希望你開始控制照鏡子的時間，需要照鏡子的時候照，不需要照鏡子的時候堅決不照。

接下來，在拿自己跟別人比方面：很多人每天會花很多時間去觀察別人的身體，然後在心裡暗暗拿自己去比較，而且尤其喜歡拿自己不好的地方跟別人好的地方比。結果越比越氣，越氣卻又越忍不住去比。打個比方，你可能覺得自己腿太粗，就經常觀察身邊有大長腿的朋友；你覺得自己屁股大，就會留意身邊有小翹臀的人。這樣比下來，並不會改變你的身材，而是絕對會讓你討厭自己。我希望你停止這種無用的

還……還是算了吧，你看這贅肉都露出來了，
我回去把衣服換回來。
不行，你今天必須跟我去游泳，
要不然就不是我姊妹！

比較。

最後，在逃避直接面對自己的身體方面：很多人因爲不喜歡自己的身材，所以逃避任何與自己身體相關的活動。比如因爲討厭自己的粗腿和胖手臂，夏天就算再熱，也不會去穿無袖衫或短裙短褲，寧願在高溫裡將自己包緊緊；即使再想去游泳，也難以克服暴露身體的難關，寧願待在家裡看別人去玩。這些行爲並不會讓自己過得開心，反而讓自己更加不自信。你有這些情況嗎？我請你去挑戰自己的逃避行爲。需要怎麼穿，你就怎麼穿；別人怎麼穿，你也怎麼穿。一再回避，最終只會讓你減肥失敗，得不償失不是嗎？

作業

1. 想瘦的第一步，是要敢於面對自己的肥胖，請不斷練習接納自己。

2. 在接下來的一週裡，請每天至少進行一次正念練習，去感受自己的身體，並對身體感恩，從而「回歸身體的功能性」。

3. 請立即停止對身體的「虐待」，包括減少審視自己的身體，不要拿自己的身材和別人比較，也不要回避面對自己的身體。

不瘦5公斤，不換大頭貼

我們到底能減多少體重呢？你在心裡肯定有一個減肥目標，但是你有沒有想過，自己的減肥目標符合實際嗎？

根據大量的實驗研究，加上我們的臨床經驗，其實這個問題的答案很簡單：可持續的減肥目標，應該是在基線體重上減去大概10%，最多不超過15%。

所謂基線體重，並不一定是你減肥前的體重，而是你在過去6個月到一年間所維持的體重。打個比方，你現在的體重是60公斤，在過去一年中，可能體重會有小變化，但是總體來說一直在60公斤左右，這樣的話，60公斤就是你的基線體重。再打個比方，可能你現在是60公斤，但是在3個月前，你的體重一直保持在55公斤左右，而且保持了超過一年的時間，這時你的基線體重就是55公斤而不是60公斤。簡言之，基線體重就是你最近一次維持了6個月到1年左右的體重。

所謂10%～15%的減重幅度，是指如果你減掉基線體重的10%～15%，這樣的減肥結果是可以長期保持的。並不是說你不可以減去超過15%的基線體重，而是說一旦超過了15%，基本上是會反彈的。對大多數人來說，10%是一個比較符合現實的目標，15%的話，並不是每個人都可以達到，而且保持15%的成本非常高，是什麼樣的成本我們下面會講到。所以我一般會建議你先試著減去10%的基線體重，當你達到了目標，可以再重新評估一下自己的情況。說不定到時候你會很滿意，也不一定想要再付出太多的代價去減那多餘的5%。

那爲什麼這個數字是10%~15%，而不能是更多呢？這就跟定點理論（set-point theory）有關了。這個理論的中心點，就是每個人都有一個定點體重，也就是前面所提到的基線體重。當我們的體重顯著高於或低於定點體重時，我們的身體會透過各種生理機制去改變體重，讓體重恢復到定點體重。這是因爲，定點體重很大程度上是由基因決定的，當我們在短時間內的減重量超過了定點體重的15%時，我們的身體得到的資訊是「我們正在經歷飢荒」，於是身體開始降低新陳代謝，減少主要器官的能量供給，減少不必要的肢體活動，大幅提高食物的吸收率。如此一來，我們的能量收支會趨向平衡，體重也就不再繼續走低。這個也就是之前說的溜溜球式減肥背後的生理機制。

定點體重並不是一成不變的。如果我們的定點體重被改變並維持了一年以上，新的體重就會成爲我們的體重。比如說，你在18歲的時候可能定點體重是50公斤，但是當你的新陳代謝不斷變緩，加上不健康的飲食作息，可能在28歲你的體重已經上升到60公斤，這樣60公斤就成了新的定點體重，而你的身體會竭盡全力去維持60公斤的體重。而且有一個壞消息是，定點體重很容易往上走，但是一般不會下行。也就是說，即使我們的體重從60公斤降到了55公斤，並且保持了1年以上，我們的定點體重也不會變成55公斤，而是依然維持在60公斤。所以如果我們不去堅持健康的生活習慣，體重就會很容易反彈。

就目前的科學研究來說，我們還不知道爲什麼定點體重只會增加不會減少，一個基於進化論的觀點是，在過去的百萬年間，人類經歷了太多的飢荒，所以爲了維持物種的延續，讓定點體重往上走會顯著提高人類的存活機率。只不過在食物充裕的今天，這樣的生理機制很容易帶來肥胖。

請你一定要釐清這一點，很多人之所以無法堅持減肥，一個重要原因就是期望太高。我們常說期

我要在半年內減掉20公斤！
啊？真的能減掉20公斤嗎？
減掉20公斤之後，我就只剩25公斤啦，
好可怕。

望越高失望越大，當你抱著一個壓根不可能實現的目標，比如覺得自己可以在兩個月內減掉5公斤（當然這裡說的是不以犧牲健康爲代價的減肥），這時候你努力地克制飲食，堅持運動，一次次量體重，卻發現一個半月過去了，只輕了1～1．5公斤，自然會非常洩氣，懊惱、自責、失望，這些負面情緒都會湧上來。付出了那麼多卻沒看到理想的成果，人很容易自暴自棄，體重又升上去就一點兒也不奇怪了。

我知道你肯定還抱著幻想，不願意死心。爲了讓你眞正導正減肥的態度，我分享一些研究成果給你。

來自美國維吉尼亞州精神病學及行爲基因學中心的研究團隊追蹤研究了25000對雙胞胎和他們的父母，結果發現體重的74％左右都是由基因決定的，而12％左右是受後天的生活習慣影響的。（Maes, Neale & Eaves, 1997）也就是說，我們能改變的只有後者，大概是體重的12％。

來自芬蘭的研究團隊進一步研究了體重的遺傳性，他們從20個國家收集了八萬多對雙胞胎的相關資料，發現環境對體重的影響最大只能達到20％，再除去一些我們不能改變的環境因素，比如食物來源、氣候等，我們眞正能夠改變的只占體重的10％。（Silventoinen et al., 2016）

如果我們一定要減掉基線體重的15％，是需要付出很大代價的。你可能會想到，有一些人就是這麼做的。比如一些女明星，我們經常會看到一些資訊，講述她們爲了保持身材，都付出了哪些代價。比如常年都要堅持每天只吃一點點，不管身邊的人在吃什麼好吃的，都必須能克制住；不管每天工作到多晚，有多累，都一定要鍛鍊至少1小時再睡；等等。如果碰巧你身邊就有這樣的人，那你應該更能體會這個過程有多艱辛。

在美國有這樣一個資料庫，叫做「國家體重管理註冊處」，裡面收集了超過1萬名成功減肥者的資訊，而這些減肥者平均減掉了30公斤（大約是基線體重的15％），並且維持了大約10年的時間。但是他們爲此付出了怎樣的代價呢？

兩個來自美國的研究團隊對這個資料庫進行了分析，得出的結論是，爲了維持這樣大幅度的減重，他們必須要做到下面幾條：

①極端地節食，每天攝入的熱量不超過1300卡路里。一般來說女生每天要攝入2000卡路里，男生是2500卡路里，也就是說你要戒掉目前至少40％左右的食物，而且不能有例外。

②控制脂肪的攝入，不能超過總熱量的24％。一般來說，大家每天攝入的熱量30％左右來自脂肪，那麼在已經戒掉40％食物的基礎上，要再戒掉20％的脂肪類食品，比如說巧克力、冰淇

淋、乳製品、油類肯定是不能碰了。

③每天保持1小時的高強度運動。每天的運動量應該等同於大約10公里的步行。

④他們更容易得心理疾病，也更容易暴飲暴食以及催吐。（Thomas et al., 2014; Raphaelidis, 2016）

減肥就像一個嚴格的面試官，容不得你偷半點懶。我不能說憑藉意志力減肥完全不可取，或者這樣的事你一定做不到。但我想問，這樣的生活習慣有多少人能堅持下去呢？我們都是普通人，過度消耗自己的意志力，又何嘗不是一種副作用呢？

更何況，我們想要減肥，都是希望更加自信更加快樂，所以比起身材更好，我更希望你首先做到自信和快樂。否則，就是捨本逐末。

作業

1. 請按照自己的基線體重，計算一下合適、可持續的減重範圍，重新確定自己的減肥目標。

2. 在接下來的一週內，當你覺察到自己想要追求不切實際的減肥目標時，請重新閱讀本節的內容，嘗試接受更合理的減肥目標。

不要盲目相信體重計

很多減肥的朋友都求快，希望減肥立竿見影，而且會對自己的體重特別敏感，每天都要上體重計，甚至吃一點兒東西就要去量一下，剛運動完又要去量一下，生怕疏忽、懈怠了，但其實心裡很清楚這樣沒必要。

測量體重看似很簡單，其實背後的學問多著呢。我臨床的主攻方向是飲食障礙症，厭食症的病人也好，暴食症的病人也罷，治療中很重要的一部分都是監測他們的體重，從而獲悉他們康復的情況。我們行業裡有個不成文的規矩，那就是不使用市面上的體重計。不論你用的體重計有多高科技——有的可以透過無線藍牙和手機連接；有的甚至可以透過人體電流來測量體脂肪率；又或者最簡單的彈簧式體重計，這些體重計我們在醫院一概不使用。原因只有一個：這些針對一般消費者的體重計是不可靠的，一旦使用時間過長，內部的測量部件會失去彈性，從而給出錯誤的結果。在一個正規的飲食障礙症治療中心，我們所使用的體重計是醫療級別的，必須要插電。它有一個碩大的底盤和扶手，每次啓動的時候都要電動校準，而且每年還會有專業的技術人員上門維護。不知道你有沒有過這樣的經歷：一直以爲自己的體重是某一個數字，直到有一天你去別人家玩，碰巧用了別人的體重計，卻發現數字相差不小，最後發現自己的體重計其實一直不準，令人啼笑皆非。

當然我並不是說，永遠不要相信你的體重計。個人不可能也沒必要去購置一個醫療級別的體重計，我只是希望給你個提醒，不要盲目相信體重計的讀數。除了體重計的誤差之外，還有許許多多的因素會導致你的體重在短時間內大幅浮動，甚至在同一天量出完全不一樣的結果。我在臨床實踐中，經常遇到病人問這樣的問題：我明明早上量只有60公斤，那天也沒有吃多少啊，怎麼到了晚上體重變成了63公斤？我到底哪裡做錯了？其實哪裡也沒出錯，人的體重在一天內本來就可以上下浮動3～4公斤，這樣的變化取決於很多因素：比如便祕可以導致體重上升，水腫也會導致體重上升；剛剛上完廁所去測體重跟剛吃完飯去

天啊，丟丟你看！早上量的時候還是70公斤，
我一天就長了3公斤！是不是體重計不準啊？現在就73公斤了！
有什麼好大驚小怪的，人的體重一天內浮動
本來就很大，一週量一次就行，
別嚇自己了啊。

測，結果自然會大不同；大姨媽要來的時候體重也會上升；天氣熱、出汗過多體重會下降；甚至生病發燒會排出體內水分，體重也會下降。要注意的是，在上述這些例子中，眞實的體重並沒有發生變化，只不過是體重的讀數因爲暫時性的外界因素發生了變化，和減肥沒什麼關係。

人體的眞實體重在一天之內，甚至是兩三天之內，是不會發生顯著變化的。之所以同一天內我們在體重計上得到不同的讀數，完全是因爲我們體內的水分含量發生了變化。人體重量的65%是水分，所以下次當你發現自己的體重在短時間內上升或下降了，不要擔心也不要不開心，因爲最有可能的是你的身體吸收或失去了一定量的水分而已。

那我們應該多久量一次體重呢？你需要做到下面四個要點：第一，測量體重不應該超過一週一次，在減肥期間可以一週一次，維持減肥成果期間可以適當減到兩週一次。第二，每次測量體重都應該在早晨，剛剛起床、上完廁所，但還沒有吃早餐的時候，這樣保證測量體重時的外界因素相對一致。第三，定期校準你的體重計，舉個例子，你可以在不同的體重計上測量自己的體重，如果讀數和自己的體重計讀數一致，那麼說明你的體重計還是準確的，不然就要考慮更換你的體重計。第四，每週測量體重時把結果記錄下來，只有當你的體重變化維持了四週或以上的時候，才算是眞正的體重變化，而不只是體內水分的流失。

重要的事情要說兩遍，在減肥的過程中，切記不要頻繁測量體重。有太多因素會讓你的體重在短期內發生變化，你在體重計上看到的數字變化並不代表你的眞實體重變化。而太過頻繁的量體重，會很容易引發我們上堂課所講到的兩極思維，只會給你的減肥幫倒忙，害得你緊張兮兮。記住，一週測一次體重就完全夠了。

那麼我們減肥應該遵循什麼樣的速度呢？2013年，當今世界最權威的醫療機構之一——美國心臟病學會公布了他們對成年人減肥的指南，他們提倡在6個月的時間裡減去5%～10%的基線體重，不建議比這更快的減肥速度，因爲過快的減肥會帶來併發症而導致不理想的長期效果。（Jensen et al., 2014）在2016年，美國營養和糖尿病學會發表了他們對成年人減肥的指引，他們也提倡在6個月內減去5%～10%的基線體重，同時他們強調每週的減重不應該超過兩英磅，也就是900公克，不到1公斤，最終的減重量不應該超過基線體重的10%。（Raynor & Champagne, 2016）

根據臨床科學研究的結果，目前業界所提倡的最理想的減重速度是每週0．5公斤左右，大約在6個月內逐漸減去基線體重的10%。

看到這樣的數字，你有什麼想法嗎？有的人可能會說，如果我可以更快地減肥，又會有什麼後果呢？身邊的朋友都是在比較誰減肥更快，難道大家都錯了？

過度求快不但不利於減肥成功，還會傷害身體，這幾乎是一定的。相信你也遇到過爲追求快速減肥而極端節食，結果出現各種問題的人。這時候我們往往會不甘心，不願意相信這條路走不通。但是身體確實是有極限的，不尊重身體的極限，努力就只能是蠻力。這方面有太多證據了。比如美國阿拉巴馬州大學的醫學團隊研究發現，如果減肥的速度超過了每週1500公克，也就是1・5公斤，患上膽結石的機率會顯著提升。（Weinsier, Wilson & Lee, 1994）來自美國疾病預防控制中心的研究團隊也證實了這樣的結果。（Williamson, Serdula, Anda, Levy & Byers, 1992）如果減肥速度超過了一週0・5公斤，前期效果雖然更好，但是堅持不了多久，而且會帶來各種身體不適。

作業

1. 請溫習本節的內容，回答下面兩個問題：第一，在減肥過程中，我們應該多久量一次體重？第二，減肥應該保持怎樣的速度最好？

2. 以上問題的答案是：第一，一週一次，當體重變化持續了4週以上才算是真正的減重；第二，每週減重0・5公斤左右，理想的目標是在6個月內減去基線體重的10％。

3. 在接下來的一週裡，請調整自己量體重的頻率和時間，做到每週一次，並且是在早晨剛剛起床空腹時測量。

4. 請根據自己的基線體重，計算合理的減肥速度，並以此指導自己的減肥過程。

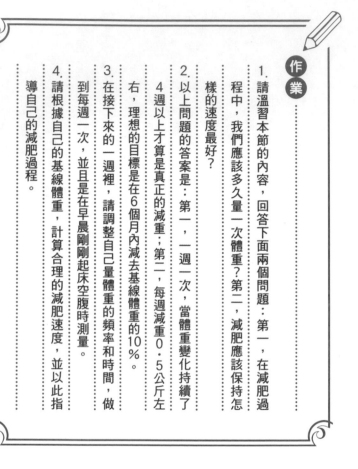

要嘛瘦，要嘛死

雖然我們都希望減肥可以一帆風順，但是親身經歷過的人都知道，減肥是個非常曲折、反復、讓人抓狂的過程。減肥的旅途中每個人都會經歷成功和失敗，成功自然不難面對，但看著體重一點兒也不往下降的時候，你知道該怎麼去面對嗎？該怎麼去堅持，而不是半途而廢呢？

我們來做個小練習。請你準備好一張白紙和一支筆。接下來，在紙上畫出縱橫兩條直線，豎著的Y軸代表體重，橫著的X軸代表時間。因爲我們只會用到第一象限，所以不需要畫出負值部分。然後在Y軸上標出你現在的體重，以及你的目標體重。在X軸上標出從現在起一年的時間，以月爲單位，也就是第一個月、第二個月，以此類推。

接下來你可以用畫圖的方式，來回答一個問題：你期待的減肥過程是什麼樣的呢？你希望你可以在多長時間內，從現在的體重減到你的目標體重？你應該在電視、網路上看到過不少減肥廣告，他們描述的減肥過程又是什麼樣呢？用一分鐘的時間在這個坐標軸上畫出你理想中的減肥過程，從第一個月一直畫到最後一個月。

現在來看一看你畫出的曲線。如果我沒有猜錯的話，很多人會畫出一條直線，或者是比較光滑的曲線，線從當下的體重一路走低，最終達到目標體重，到達目標之後體重一路走平。你畫出來的圖也是這樣的嗎？

問題就在於，這樣的曲線幾乎從來不會在我們的真實生活中出現。我們再來做個小練習，來畫出真實的減肥過程。

現在，請你把這張紙翻過來，在背面畫出同樣的坐標軸，Y軸上標出你現在的體重和目標體重，X軸上標出12個月份，然後根據我的說明來完成你的曲線。第一，我們預計可以在第6個月達到目標體重，你可以先用鉛筆畫出一條直線，從起點的當前體重，連到第6個月的目標體重。第二，在這6個月間，體重並不會直線般地下降，而會走一條「之」字形的蛇形路線。就像股票的走勢一樣，你的體重會在每個月內漲跌交錯，但是整體是穩步下降的，畫出來的應該是像一條鋸齒。第三，在第7個月到第12個月間，你的體重並不會像一條直線一樣停在你的目標體重上，相反，你的體重可能會反彈，然後下降；再反彈，再下降，如此反復地在你的目標體重周圍浮動，

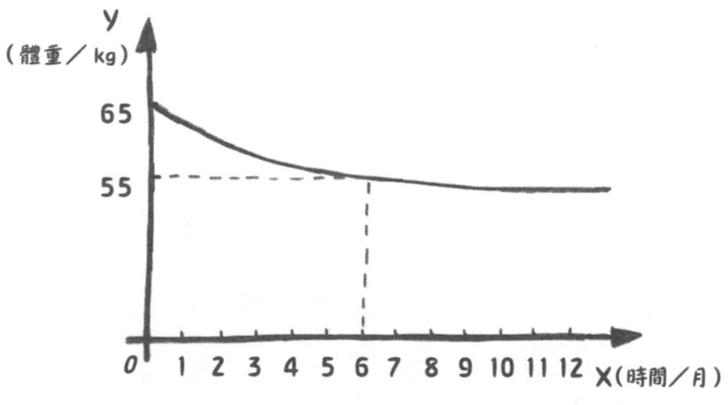

上下浮動在4公斤左右。

這兩幅圖和如何看待減肥效果有什麼關係呢？

請你想像一下，如果你對減肥的期望是第一條曲線，但是你所面對的現實卻是第二條曲線，你會如何應對這兩者之間的偏差？在第二條曲線中，我們的體重的確是在緩慢地往下行，但是在某個月中，你的體重可能會反彈上升，讓你一整個月的辛苦付諸東流，你會不會發狂呢？你會不會感到洩氣呢？可以說，在減肥的過程中，體重在短期內的反彈是一定會出現的，這和你的主觀努力可能沒有任何關係。比如說你生病了，沒有辦法繼續運動；或者說工作上的壓力很大，沒有時間去保證健康的飲食。生活中總有各種預料不到的意外，如果我們期待著減肥應該是一帆風順的，那麼一旦遇到短期的挫折，我們就會陷入兩極思維之中。我們會覺得：如果我的體重沒有繼續下降，我的減肥就失敗了；如果我這個月失敗了，那麼說明我的做法沒效果，繼續做也不會有效果。

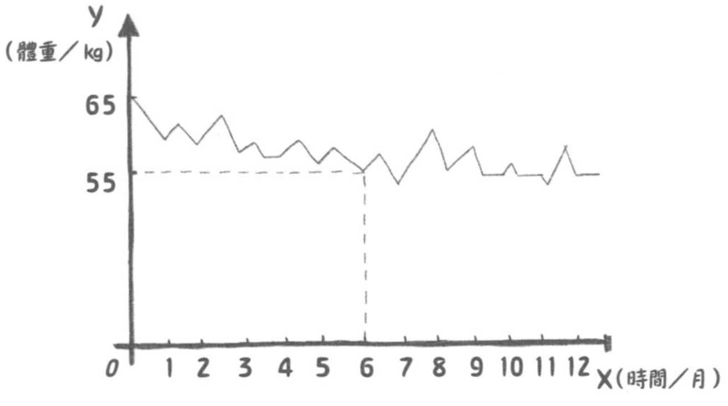

兩極思維，還有一個名字，叫做「非黑即白的思維」。就是說我們會把事情兩極化，一件事情要嘛是黑的，要嘛是白的，但是我們忽略了這個世間大多數事情都是灰色的，很少有全黑或全白的事物。從減肥上來說，兩極思維就是認爲，減肥要嘛成功要嘛失敗。只要我的體重變化和第一條曲線有任何出入，就說明我失敗了。既然失敗了，那麼就不值得繼續嘗試了，反正也會繼續失敗。

從某種程度上來說，我們從小就被灌輸了這樣非黑即白的思維：電影的角色分爲好人和壞人，孩子被分爲好孩子和壞孩子，做好事有好報，做壞事會被懲罰。但是，等到我們長大了，才意識到，其實沒有所謂絕對的好事或壞事，也沒有百分百的好人或壞人。減肥也是一樣，沒有絕對的成功和失敗，也沒有人可以一蹴而就，大多數的減肥都是在不斷起伏中最終達到目標。這並不代表你做得不好，它只是一個經過實踐反復驗證的客觀規律。

你可能會疑惑，我們的減肥目標不就是要做到不反彈嗎？是的，但這個不反彈是指長期穩定在理想體重的附近，而不是不允許體重有一絲一毫的臨時性上漲。如果你對自己的要求過於嚴苛，那麼只會帶來不必要的自責，讓自己更容易洩氣。

這一點我相信你深有體悟，不少實證研究也都證明了，有兩極思維的減肥者更容易體重反彈。更嚴重的是，來自西澳大利亞大學的心理學家們發現（Dove, Byrne & Bruce, 2009），有

怎麼辦，我一病就不能運動了，天天躺在這兒，不胖才怪呢。我的減肥大概是完了。
怕什麼，等病好了咱還是一條好漢！

你說我是女漢子？？？
我可沒那麼說。

著兩極思維的人更容易在減肥後被診斷出憂鬱症，而越憂鬱就越難減肥成功。

這樣也就不難看出，減少兩極思維對減肥和心理健康的重要性了。這裡我教給你一個心理學小技巧，幫助你減少兩極思維，可以做到智慧地應對減肥過程中的小起伏。

這個小技巧分爲兩步。

第一步是去發現自己的兩極思維。一般來說，當你體驗到消極的情緒時，要馬上檢查一下自己：我是不是產生了非黑即白的兩極思維？我是不是把所有事物分成截然相反的兩個類別，不是好就是壞？當減肥遇到挫折的時候，問自己：我是不是把減肥過度簡單化了？

第二步叫做「找尋中間點」。其實也很簡單，如果你發現自己的確出現了兩極思維，比如沒辦法說服自己不要在意短期的效果，沒辦法說服自己不要過分懊惱，那麼你可以在一張紙上畫出兩個點，它們各代表一個極端的意見，然後用一條直線將兩點連接，標出一個中間點，用一句話來形容這個中間點代表著什麼。打個比方，比如你最近因爲放假，沒有做到健

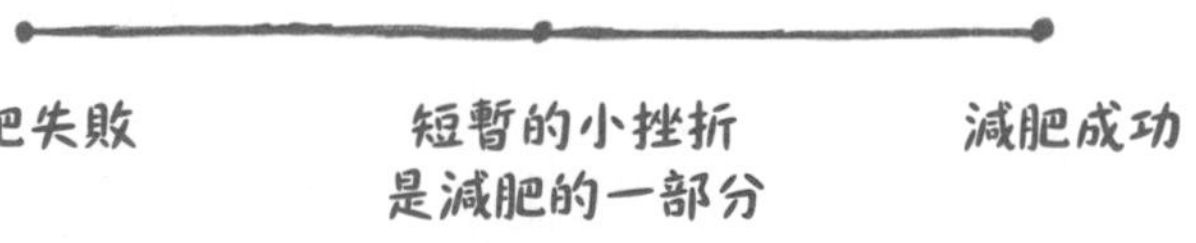
減肥失敗
短暫的小挫折
是減肥的一部分
減肥成功

康節制地飲食，體重有一點兒反彈，這個時候你的兩極思維可能是：我沒管住自己，前功盡棄了，又要從頭開始。那麼你可以把成功和失敗當作兩點標注出來，然後中間點可能是這樣的：減肥不可能是一直成功的，短暫的小挫敗是減肥的一部分，並不代表我前面的努力沒用，我現在可以選擇回歸到減肥的軌道上來，任何時候重新規範飲食作息都不晚。而且因爲我前面堅持了一段時間，有基礎，所以回到正軌上來應該更輕鬆，能更容易、更有效地繼續下去。

作業

1. 在接下來的減肥過程中，請一定要牢記：減肥本來就是起伏跌宕的曲線過程。非黑即白的兩極思維，只會讓我們減肥的效果更差，並且折磨我們的心情，消耗我們的信心。

2. 在接下來的一週裡，請每天留心去發現自己的兩極思維，常常問自己，有沒有出現非黑即白的思維模式？

3. 當察覺到自己出現兩極思維時，請參照上面的描述，努力尋找中間點，並以更平衡的思維，去指導自己的行為。

Chapter 3

一口吃個瘦子

能夠長期堅持下來的減肥飲食，

才是理想的減肥飲食。

不需要依賴意志的減肥飲食，

才是有效的減肥飲食。

神奇減肥餐是不存在的

從第三章開始，我們要開足馬力，全速進入減肥的行動階段。

我之前提到過，減肥是個再簡單不過的數學等式，左邊是能量攝取，右邊是能量消耗，當消耗大於攝取時，形成能量逆差，這樣便可以減肥。所以第三章我們會著重講能量的攝入，也就是飲食；第四章我們會講解能量的消耗，也就是運動。

我到底應該吃什麼來減肥呢？拿這個問題去問100個人，可能會得到100個截然不同的答案。有的說要低碳水飲食，有的說要低脂飲食，有的說要低醣飲食，還有的說要高蛋白飲食；有的說要過午不食，有的說要間歇性斷食，有的說要蘋果減肥法，還有的說要生酮飲食……市場上還有各種類型的超級減肥食品，廣告說吃了這些食品就能瘦，讓人眼花繚亂、半信半疑。到底哪個才是真的有效？

答案非常簡單：沒有所謂的神奇減肥飲食，也沒有什麼食物可以讓你吃了就能瘦。市面上千萬種減肥飲食的方法和產品，其實背後的規律很簡單：就是減少熱量攝入。我不是說它們都不可取，只是它們都沒有幫你抓住最核心的部分，那就是該怎麼做才能長期堅持下來。它們都把效果誇大了，說得天花亂墜，導致很多人不知道該聽哪一種，而且不管哪一種都難以堅持。我個人的臨床經驗是：能夠長期堅持下來的減肥飲食，才是理想的減肥飲食。不需要依賴意志力的減肥飲食，才是有效的減肥飲食。

從實踐的角度來說，理想的減肥飲食應該滿足下面這四個要求。

第一，理想的減肥飲食應該是可以持續下去的。市面上很多減肥飲食的確見效快，並且在短期內可以減去不少體重，比如蘋果減肥或者是過午不食，在一個月內確實可以達到顯著的減肥成果。但問題是，你可不可以長期堅持這樣的飲食方式呢？「長期」並不是指3個月、6個月，而是未來的10年、20年。不錯，對一般人來說，只吃蘋果或者不吃晚餐，可以咬咬牙忍幾個禮拜，但是沒有人可以

丟丟，有沒有那種快速瘦身麵包？
吃下去就立馬能瘦的那種。
你以為我是你的哆啦A夢啊？
喔不，我可不想像哆啦A夢那樣圓。
73
KG

十年如一日地堅持下去呀。如果堅持不下去，不是又陷入了溜溜球式減肥的惡性循環？

第二，理想的減肥飲食應該是容易執行的，並不會給我們的生活帶來太多麻煩。比如說，如果我們當眞要去遵循生酮飲食，每一頓飯就要花去很多的心思，要確保你的食物裡脂肪和蛋白質對碳水化合物要維持一定的比例，而且你肯定希望食物裡的脂肪可以有更健康的來源，比如海鮮、酪梨、堅果。這樣一來，首先，一日三餐肯定是要自己準備了，沒有辦法在外面解決，從購置食材、準備到儲存，每一個環節都要時間。其次，如果遇上特殊情況，比如加班沒辦法回家煮飯，比如朋友聚餐，這些場合都沒有辦法符合生酮飲食的要求，太不方便了。

第三，理想的減肥飲食應該不會讓我們總是餓著肚子。低碳水飲食，概念上來說是很完美，但問題是當你不攝入碳水化合物時，你的腸胃很容易變空，血糖下降也會很快，直接結果就是才吃完沒過多久就又餓了。在短期內，我們可以用意志力忍下去，可是長期來看，總有那麼一天自己會耗盡意志力，經不住誘惑，接著暴飲暴食，又變成了溜溜球式減肥。這也是爲什麼很多人都覺得減肥太苦。

第四，理想的減肥應該是健康的，對我們的身體沒有傷害的。極端的減肥方式，一般都會對我們的身體健康帶來不小的危害，一旦我們長期堅持這些飲食習慣，甚至會導致疾病。比如說，生酮飲食會直接帶來肌肉萎縮、便祕、腹瀉、酮酸中毒，也會提高我們得糖尿病、心臟病、腎結石的機率。間歇性禁食會帶來消化道的問題，比如炎症以及對食物敏感，而且會增加得糖尿病的機率。這樣的減肥，是不是得不償失呢？

關於減肥飲食，我建議遵循「112」法則。其實，所有食物最終都可以歸到下面這四大類：碳水化合物、脂肪、蛋白質（包含乳製品）和蔬菜水果。「112」代表的是，每一頓飯如果可以分成4份，那我們應該吃1份碳水化合物，1份蛋白質和2份蔬菜或水果。什麼是1份呢？就是用眼睛去看食物的體積，只要大致體積符合這個比例就可以。或者用手掌大小來衡量食物分量，1份就是占1個手掌那麼大面積的食物分量。這樣一來，我們不需要太苛刻，不用去秤食物的重量，也不用去費心計算卡路里。

打個比方，如果你把一頓飯要吃的東西都放在一個盤子裡，盤子的一半應該是被蔬菜和水果覆蓋的；剩下的一半裡面，有一半是蛋白質，包括肉類、海鮮、豆製品、蛋、乳製品；另一半是碳水化合物，包括米飯、麵粉製品、馬鈴薯等澱粉類食物。

這裡最關鍵的有三點：第一，對大多數人來說，每天攝入的碳水化合物要遠大於蛋白質，所以要注意多吃蛋白質。第二，不管是哪類食物，要儘量減少脂肪的攝入。脂肪包括蛋白質內的脂肪，比如說選擇瘦肉而不是肥肉或五花肉；還有做飯時添加的脂肪，比如避免油煎油炸食品、重油食品，甚至包括蔬菜沙拉裡的沙拉醬、橄欖油、起司等。第三，碳水化合物儘量選擇複雜性的碳水化合物，也就是我們平時所說的粗糧，包括五穀雜糧、全麥產品等，因爲複雜的碳水化合物需要更長時間來分解，這樣就讓我們飽的感覺可以維持得更久。

「112」法則最早來自糖尿病病人的飲食準則，它的優勢在於：第一，容易堅持，大家一般都可以長期做下去；第二，比較方便，不像其他飲食方案那樣苛刻，不管你是喜歡自己做飯還是經常外出就餐，總是可以找到相應的食物去做到「112」的比例；第三，不用挨餓，因爲我們攝入了大量的蛋白質和複雜的碳水化合物，所以不會很快餓肚子；第四，「112」法則下的飲食不僅健康，還可以降低我們得糖尿病的機率，沒有任何副作用。

減肥飲食最困難之處，在於如何找到一個飲食方案，既可以幫助減少熱量攝入，更關鍵的是，又可以不用很辛苦就能長久地堅持下來。「112」法則抓住了減肥飲食最核心的部分，而且非常簡單易行。

作業

1. 如果你正在使用市場上的某類減肥飲食方案，請參閱前文的內容，回答這裡提出的4個問題，看看自己的「減肥飲食」是否能夠持續下去，有效並健康呢？

2. 在接下來的一週裡，請每天遵循「112」法則，按照「112」法則來合理分配自己的進食量以及食物群。

3. 對大多數人來說，一般是碳水化合物攝入過多、蛋白質攝入過少，謹記做到碳水化合物和蛋白質的平衡。

吃飽了才有力氣減肥

我們應該一天吃幾頓飯呢？應該隔多久進食一次呢？市面上充斥著各種類型的進餐時間表，比如有的說「過午不食」，有的說「一日一餐」，有的說「要跳過早餐」。那麼到底怎麼吃才是可以持續、可以幫助減肥的呢？

要回答這個問題，我們先來做個小練習，了解一下我們的血糖指數在一天當中是怎麼變化的。之所以選擇血糖，是因爲血糖直接反映著我們的能量供給狀況，同時血糖和飢餓感緊密相連。所以它是一個很重要的指標，只有了解並遵循我們身體本身的規律，才可以科學聰明地減肥。

首先，準備好紙筆，在一張白紙上畫出兩個坐標軸，X軸代表時間，Y軸代表血糖指數。因爲我們只會用坐標系的第一象限，你只需要保留正值。接下來，在X軸上先標出零點，也就是一天的開始。

假設你是早晨7點鐘起床，那麼接著在X軸上標出早晨7點，我們的血糖從凌晨到早晨起床是一條逐步走低的曲線，因爲一夜沒有進食，在早晨起床還沒有來得及吃早餐的時候，我們的血糖會接近最低值。

然後假設你在起床半小時後，也就是7點半吃了早餐。一般來說，血糖會在進食1~2個小時後上升到一個峰值，然後在1~2個小時之後下降到最低值。所以請你在X軸上標注7點半早餐，血糖值開始逐漸上升，在9點半到達峰值，然後一路下降，到了11點半，血糖值會回到早餐前的狀態。

當我們的血糖值降到谷底時，身體會產生各種症狀來提醒我們去進食，比如頭暈、頭重腳輕、身上發冷、飢餓感、沒有能量、注意力不集中等。這個時候不吃，就很容易爲後面的暴飲暴食埋下伏筆。所以11點半我們需要吃午餐，接下來血糖值會在下午1點半達到一個高峰，然後3點半降到谷底。這個時候還沒有到晚餐時間，我們可以吃一些健康的零食，比如水果、蛋白質或者乳製品，配合少量的碳水化合物或脂肪。然後4點半到5點鐘血糖值會上

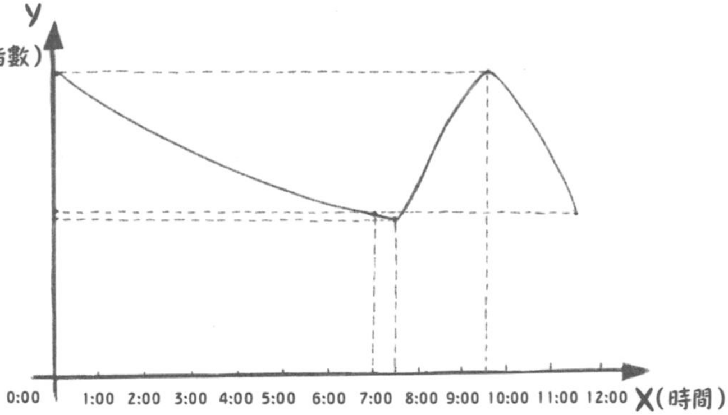

升到一個小高峰，可能只有之前高峰的一半，因為我們攝入的熱量並不多。接著6點半到7點鐘血糖值又降到谷底，這個時候也就到了晚餐的時間，接下來我們7點鐘吃晚餐，血糖在9點到達高峰。

如果你一般在晚上10點鐘左右上床睡覺，這個時候你的血糖值還沒有走到谷底，即使有些飢餓，應該不會影響你入睡。但是如果你睡覺比較晚，比如11點半，當你準備上床的時候，你的血糖值已經降到最低值，飢餓感會讓你很難入睡。所以我會建議你在10點鐘的時候吃一些零食，比如說喝一杯牛奶，吃幾塊餅乾或者一些堅果，這樣你的血糖會小幅上升，不會讓你在11點半的時候太過飢餓。

不知道你在做這個小練習的時候，有沒有發現一些基本的規律？總結一下，在減肥過程中，我們應該遵循的關於進餐時間的4個要求：

第一，我們需要在起床半小時內吃上早餐，這對減肥很重要。早晨剛起床時，我們的血糖值處於全天最低點，及時吃早餐有利於喚醒我們的新陳代謝。你可能還記得在第一章我們提到過，提高我們新陳代謝速度的一個方法，就是吃一份比較均衡和豐盛的早餐。

第二，我們需要每4個小時進食一次。在吃了正餐之後（這裡說的正餐包括早餐、午餐和晚餐），我們的血糖值會在2小時內上升到最高值，然後在4小時內恢復到進餐前的最低值。

圓子！你在幹嘛？
找零食呢。

啊？這麼晚了還吃？你不減肥了？
我快餓死了，
吃飽了才有力氣減肥啊。

所以我們必須每4個小時進食一次，但是不代表我們需要每4個小時用一次正餐。比如說你的午餐是12點，但是一般你是在7點吃晚餐，那麼中間會間隔7個小時，就需要我們在午餐3個半小時後少量地吃一些零食，這樣保證我們的血糖值不會走得過低。

第三，那零食該怎麼吃呢？這裡也是有標準的。一般來說，正餐是指在一次進食中，你攝入了全部的4種食物群：碳水化合物、脂肪、蛋白質和蔬菜水果。而零食是指在一次進食中，你攝入了4種食物群裡的至少2種。最常見的是水果蔬菜加上一些碳水化合物或是脂肪，乳製品也是很好的選擇。比如說你可以吃一根香蕉配上一小瓶優酪乳，或者是一個蘋果配上一些核桃仁，又或者是一小包的蘇打餅乾加上一個橘子這樣。

第四，晚上睡覺時要注意，千萬不要在你的血糖值最低的時候上床。因爲首先，你的飢餓感會影響到你的睡眠；其次，晚上是我們自控力最低，面對誘惑最多，同時負面情緒最容易感染到我們的時候，一旦血糖值過低，很容易出現暴飲暴食。所以要嘛早些上床，要嘛就是要提前吃適量的零食，從而避免血糖過低。

這樣的進餐時間，叫做4小時極限法則，簡單易懂，也就是每隔3～4個小時我們就應該進餐一次，並且起床半小時內吃早餐。大多數人一天醒著的時間有16個小時，也就是要進餐4～5次，這樣就意味著大多數人應該保證一日三餐，加上一次或者兩次的零食。

同時，4小時極限法則也意味著，在這4～5次進食之外，我們不應該攝入任何多餘的食物。水分除外，但不可以是飲料，因爲很多飲料本身包含大量的脂肪、糖分和碳水化合物，儘量不要喝飲料。

爲什麼我們一直強調要防止血糖值下降得過低？因爲當血糖過低的時候，我們的認知能力會顯著下降，情緒也會變得更急躁，這時我們的自控力相對比較低，加上飢餓感又強，結果你也可以預想得到。你應該也有過大半夜突然很餓，忍不住到處找吃的，或者叫外賣、吃宵夜；或者該吃飯的時候你已經太餓了，所以不由自主就吃很多。4小時極限法則，就像是給我們的身體繫了一條安全帶，保證血糖不會過高也不會過低，保持一個相對平穩的狀態，就好像開車不會猛踩油門也不會急剎車，身體可以收到「我處在安全的狀態裡」的信號，而不會喚起飢荒模式，掉進溜溜球式減肥陷阱中。

作業

1. 請從當下做起，全面遵循「112」法則和4小時極限法則來吃飯。
2. 請在接下來的一天裡抽出20分鐘的時間，根據你平時上班或者上學的時間安排，制訂一個你的進餐時間表。
3. 在接下來的一週裡，請每天思考以下的問題：應該什麼時候吃早餐、午餐和晚餐？什麼時候吃一點兒零食？可以準備哪些零食？晚上應該幾點鐘上床睡覺？

吃了多少，立此存照

雖然「112」法則和4小時極限法則看上去很簡單，但是做起來卻不那麼容易。主要有以下幾個問題：第一，我們習慣了隨意飲食，也就是用餐時間不固定。打個比方：今天早餐是8點鐘，明天起來遲了，索性直接跳過早餐，結果導致午餐時暴飲暴食。第二，隨意飲食還有另外一個形式，那就是用餐量和食物種類不固定。打個比方：今天晚餐回家自己做了飯菜，遵循了「112」法則，吃了適量的碳水化合物、少油脂的肉類和大量的綠色蔬菜，但是明天晚上突然一時興起，和朋友出去吃了一頓炸雞，然後又喝了一大杯珍珠奶茶。第三，生活中充滿了各種隨機事件，比如說工作上要求加班，本來計畫好的「112」飲食計畫受到影響；或者學校裡有一份功課今天必須要完成，需要熬夜加餐，4小時極限法則又被破壞。第四，嚴格遵循「112」法則和4小時極限法則，也就意味著你非常可能需要自己準備飯菜，這就對購買食材提出了更嚴格的要求。工作、生活本來就很忙了，現在還要在百忙之中抽出時間去逛超市和菜市場，如果沒有提早做好計畫，當然冰箱空空，最終落得叫外賣的後果。

所以在這一節裡，我們要介紹一個非常有效的工具，幫助你實現「112」法則和4小時

唉！冰箱裡啥也沒了，
今晚乾脆叫外賣吧！
別啊，看，菜我都買好了，
來做飯吧。

累了一天了，真不想做飯，做飯好麻煩。
少廢話！快去把蒜剝了。

極限法則，這個工具就是飲食紀錄。

之所以採取飲食紀錄這個手段，有以下三個原因：第一，根據心理學的大量研究，如果我們想要改變自己的一些行爲（比如戒菸、戒酒、減肥、減少人際衝突等），一個非常有效的方法就是每天記錄自己有沒有做這些行爲，以及做這些行爲的頻率。哪怕我們並沒有特意去改變這些行爲，只是記錄就足以實現行爲上的變化。背後的機制是因爲透過紀錄，我們對自己的行爲更加自省，會更容易做出健康、利於自己的選擇。所以記錄自己的飲食，本身就會讓你更容易實現健康飲食。第二，我們減肥的頭號敵人就是溜溜球式減肥，就像我們之前說過的一樣，暴飲暴食是有一定原因的，可能是當天過度節食，也有可能是受外界影響，被負面情緒引發的。如果我們不去記錄自己的飲食，不去收集與飲食相關的資料，一旦出現暴飲暴食，我們並不清楚到底發生了什麼，也就是說，當自己出錯的時候，甚至都不知道錯在哪裡，又怎麼可能做到糾錯呢？這就好比，你去修電腦，人家肯定需要電腦的錯誤紀錄，這樣才能對症下藥。如果我們不對飲食進行記錄，就沒有辦法弄清楚爲什麼我們做不到健康飲食，到底是什麼因素導致了我們沒有辦法緊跟「１１２」法則和４小時極限法，如此就會導致原地踏步。第三，健康的飲食需要大量的準備工作，不僅在進食的時間上需要準備，食材的購置和準備也需要計畫，帶飯上班說來容易做來難啊！特別是在這樣工作節奏快、壓力大的社會裡，如果我們不提前做好準備，是沒有辦法做到健康飲食的，所以飲食紀錄不僅說明我們記錄當天的飲食，更可以幫助我們計畫第二天的飲食。在飲食紀錄上我們會要求你對第二天做出一個初步的規劃，時刻提醒自己。

飲食紀錄由兩部分組成。一是頁眉。這部分需要我們提前一天完成，對第二天做出一個大概的飲食規劃。打個比方，可能你會寫上：早餐在家，雞蛋、全麥麵包、豆漿；午餐自己帶飯，蔬菜雞肉飯；晚餐在家，地瓜、酪梨、蔬菜沙拉；零食是優酪乳和柳丁，大概一行字的內容就足夠了，不需要規劃用餐時間，最重要的是你要知道第二天自己會吃什麼，應該準備怎樣的食物。

飲食紀錄的第二部分是正表，看起來複雜，做起來很簡單。每次用餐的時候（不論是固體食物還是有一定熱量的液體食物，比如奶茶、優酪乳等），你要在正表中記錄下來，寫上進食的具體時間、你所處的地點以及進食的具體內容。針對進食的具體內容，應該寫到多詳細呢？舉個例子，前面提到的「晚餐在家，酪梨、蔬菜沙拉」，可以這樣記錄：一個地瓜、半個酪梨、若干生菜黃瓜，加上橄欖油。這裡的記錄不需要太詳細，不需要計算卡路里，更不需要給食物秤重，記錄下食物的名稱和大概的分量就足夠了。記得在「112」法則裡我提到了用手掌大小來衡量食物分量嗎？我們甚至可以這樣來記錄，比如前面提到的「午餐自己帶飯，蔬菜雞肉飯」，可能是：一手掌的雞肉、一手掌的米飯、兩手掌的綠花椰菜，如此記錄不僅形象易懂，還可以直接幫助我們貫徹「112」法則。

關於飲食紀錄，還有一個很重要的訣竅。在所有的飲食紀錄上，要標注出起床和入睡的時間，這個可以幫助我們貫徹4小時極限法則。打個比方，如果你今天7點鐘起床，那麼可以在表中寫下「時間：7點鐘；地點：家；食物攝取內容：×××」。如果遵循4小時極限法則的話，我們應該在7點半之前吃完早餐，同時晚上最後一次進食的時間和入睡時間不應該有超過4小時的間隙，所以記錄下來起床和入睡時間也是很重要的。

飲食紀錄的最後一部分是關於暴飲暴食的分析，這裡的重點是記錄下每一次自己的暴飲暴食（包括時間、地點、暴飲暴食的內容），以及透過完成「發生了什麼」這一欄，去加深自己對暴飲暴食的理解。我們在第一章講過暴飲暴食的誘因，總的來說，要嘛是生理因素（比如過度節食、溜溜球式飲食），要嘛是心理因素（比如負面情緒、壓力過大），當然也可能是生理和心理因素雙重作用。所以暴飲暴食之後，你要認真地問問自己：是怎樣的事件、環境、情緒導致了這一次的暴飲暴食？在暴飲暴食發生前，自己處於怎樣的狀態？在未來，我可以怎樣改變，從而讓自己不再陷入暴飲暴食的陷阱之中？一旦對此次的暴飲暴食有了清楚的認識，就可以參考前文內容，從而進行干預。如果是負面情緒，可以考慮使用「情緒化進食」一節裡介紹的技能；如果是因爲溜溜球式飲食，就要認眞遵循「112」法則、4小時極限法則、利用飲食紀錄進行提前規劃。

作業

1. 請從今天開始，每天完成一張飲食紀錄。
2. 如果有機會在每次進食之後立即記錄最好，如果時間不允許，在晚上的時候一次完成也是可以的。
3. 在完成飲食紀錄的同時，請每天為第二天的飲食進行規劃和準備。
4. 如果最近有暴飲暴食的行為，請利用飲食紀錄進行分析，是什麼樣的因素導致了暴飲暴食？

飲食紀錄表

日期：__________

飲食計畫（提前完成）______________________________

時間： 什麼時候？	
地點： 在哪裡？	
食物攝取內容： 你吃了／喝了什麼？	
暴飲暴食： 有暴飲暴食嗎？	
發生了什麼： 怎樣的事件、環境、情緒導致了暴飲暴食？	

眼不見爲淨

想要減肥，或者說想要養成健康的飲食習慣，最有可能的結果，是你要自己準備食物。這不僅意味著你要自己去採購食材，還要自己去尋找食譜，還要自己去準備食物，到頭來還要自己去清洗瓶瓶罐罐。這些都是苦功，但是如果想要養成健康的飲食習慣，除了自己煮飯之外，其實並沒有第二個選擇。吃速食、吃外賣、外出聚餐，方便當然方便，味道自然更好，但是你知道爲了在好吃的同時節約成本，外面的餐館會對食物進行怎樣的加工嗎？好吃，無非來自兩個元素，一個是高糖分，一個是高脂肪。講起來也很簡單：炸雞好吃吧，那就是油炸的神奇功效；奶茶好喝吧，天知道裡面放了多少匙糖；巧克力冰淇淋過癮吧，無非是大量糖和脂肪的混合物。不過分地說，什麼肉在油裡滾一滾都是香的，什麼飲料加上糖都是讓人回味無窮的，但是脂肪和糖分是熱量最高的食物成分，這樣吃下去，我們到哪一天才可以減肥成功？

自己準備食物的好處有三：第一，自己準備食物、購置食材，可以對食物有絕對的控制，不僅可以控制食物的質和量，還可以自由支配食物的加工方式，不僅減肥，還健康，而健康是無價的；第二，自己準備食物，會增加運動量，去超市購置食物要走路，準備食材要動手，甚至洗碗洗盤也是運動，這些都可以增加我們的附屬運動量，自己煮飯也是一種身體運動；第三，自己準備食物，還可以省錢，就算不省錢，一樣的價格，自己做飯可以吃到更高品質的食物，而且一旦養成自己做飯的習慣，還能練得一手好廚藝，不論是在親密關係（比如廚房裡露一手，博得男女朋友的傾心），還是家庭關係（比如給爸媽做一桌好菜）中，都能有所收穫。

既然要科學聰明地吃，我們的廚房也需要和減肥、健康飲食相匹配。同時，廚房一般是我們情緒化進食最常發生的場所，所以需要格外小心。在接下來的一週裡，我希望你可以抽出一天時間，給廚房來個徹底的大掃除。我們的任務非常簡單，徹底地整理廚房裡的「庫存」，保證家裡不囤積任何容易導致暴飲暴食的食物。廚房大掃除有這樣幾條原則：

第一，高糖分、高脂肪的食物請當場扔掉，或者可以贈送出去，重點是請你務必在當天處理掉這些「極具進攻性」的食物，不要拖延。

第二，高度加工過的食物也請當場扔掉，高鹽量、高味精雞精、醃漬類食物（比如速食麵、即食火鍋、辣條、真空包裝小吃等）不僅對我們的健康無益，還會讓我們胃口大開，進而導致暴飲暴食。

第三，簡單的碳水化合物，特別是白麵粉、白米飯類的細糧，可以保存，但是最好購置一些粗糧（比如紫米、黑米、各種豆類）。兩者可以混合起來，這樣既保證了口感，也實現了健康飲食的目標。

第四，如果因爲其他因素（比如和人合租或者住在家裡），沒有辦法把那些高糖分、高脂肪的食物「清掃」出去，那麼至少請你和朋友家人商量一下，把這些具有「高誘惑力」的食物放在櫥櫃裡，或者放到一個你自己不容易發現的地方。

當廚房打掃完成之後，就要進行第一次的健康飲食大採購，不論你是親身出動去超市採購，還是選擇網購（我建議親身前往，因爲可以順便走走路鍛鍊身體），請你注意以下幾個事項：

第一，在購買任何食物前，請仔細留心該食物背面的營養標示，有這麼幾個數字你要特別注意，包括糖分、脂肪、蛋白質（一般以「公克」爲單位）以及卡路里量。我們不需要過於敏感，我個人建議這麼去選擇：比如要買吐司麵包，我們可能有3~5種選擇，請將不同麵包背後的營養標示進行比較，如果同樣的重量，某吐司麵包的糖分最少，卡路里較低，那麼就選擇這個牌子的麵包。總的來說，我們希望在同樣重量下，選擇糖分少、脂肪少、蛋白質高、卡路里量低的食品。

第二，請避開高度加工過的食物，特別是放上一兩年也不會壞的食物，那些食物一般都添加了化學物質。也請避開重口味的食物，一般來說，越清淡的食物越健康。

第三，碳水化合物是不可缺的，但是請儘量選擇粗糧。脂肪也是不可缺的，但請儘量選擇植物類、非飽和的脂肪（比如酪梨、橄欖油或者堅果）。蛋白質也是不可少的，但請選擇精瘦的肉類或者魚類，儘量不吃肥肉，白肉比紅肉更健康，但是適量的紅肉也是必需的，植物蛋白也是好選擇（比如豆類等）。

第四，請切記，千萬不要在空腹的狀態下去逛超市、選購食材，最好在行前做好規劃，寫好購物清單，不要陷入衝動式購物的陷阱當中。

第五，生活是難以預料的，有時候我們會面臨短暫但是高強度的壓力，有時候我們可能生病，沒有時間或者體力採購和準備食材，那麼我們要提前準備好，保證家中有足夠的健康口糧。這些口糧最好是不容易壞的，又方便儲存。比如各種雜糧可以煮上一鍋雜糧粥，或者冷凍的餃子，又或者是冷凍的蕎麥麵等。這樣可以讓我們在最脆弱的時候可以渡過難關，而不是進行情緒化進食。

第六，請不要貪便宜，不要因爲買多件可以打折，就一次性買上好幾包食物。請按需購置食材，最好一週去兩三次超市，每次準備接下來兩三天的食物，這樣不僅食材新鮮健康，也可以多增加運動量。

第七，考慮一下可以購買怎樣的健康零食，完全戒掉零食不現實，也持續不下去，但是攝取高糖分、高脂肪的零食也不可取。對你來說，怎樣的零食是既解饞又健康的呢？打個比方，

××超市
丟丟，我們趕緊走吧，趕快離開這裡！
怎麼了？是不是有壞人？

××超市
不是，我現在很餓，
進去之後會控制不住自己買買買！
……

碳酸飲料可以用無糖的氣泡水來取代，或者無糖優酪乳、無糖高純度黑巧克力、日式毛豆等。

當你完成了廚房大掃除和第一次的健康飲食大採購之後，接下來的任務就是如何按照「112」法則和4小時極限法則，透過飲食紀錄規劃每一天的用餐，然後按照飲食規劃來進行食材的採購和準備。一般來說，早餐大家相對都是比較固定的，早餐的時間也比較緊湊，而晚餐可以一次多煮些，這樣剩下來的晚餐可以打包起來放進冰箱，第二天帶去上班，如此午餐的問題也就輕鬆解決了。只要再準備好足夠的、方便攜帶的健康零食，你的廚房也就升級完成了！

作業

1. 請在這週末空出一天時間，給自己的廚房來個大掃除，同時進行一次大採購。
2. 大掃除和大採購的時候，請遵循本節所提到的原則。
3. 從今天開始，請儘量做到自己在家準備自己的食物，減少外出飲食，為自己的健康飲食負起責任。

下雨天和巧克力並不配

當然，關於吃，我們在減肥中還會遇到形形色色的障礙，比如說禁不住誘惑，遇到喜歡吃的停不下來，有情緒的時候管不住嘴，不知不覺就會吃多，還有各種關於吃的壞習慣。

不得不說，我們今天生活在一個對減肥非常不友好的時代，因為環境中到處充斥著美食的誘惑。就從食物的獲取來說吧，過去大家都是在家吃飯，經濟上不允許經常上館子。而在今天，我們可以隨時出去吃，大街小巷都是餐廳，食物的種類也多得讓人眼花繚亂。而且一天24小時都可以叫外賣，我們可以輕而易舉地吃到任何想吃的東西。

還有各類美食廣告，也在我們的生活中無處不在。比如捷運站、商場裡、電視上，經常能看到誘人的食物圖片，可能你本來沒想到要吃，但是看到廣告之後就被引得流口水。你有沒有這樣的體驗？週末外出吃飯，在不熟悉的餐廳點餐的時候，哪個菜的圖片看起來更好吃，就會傾向於點哪個菜？這些都是視覺刺激在無形中激發我們的食慾。

更過分的是，有些廣告會打情境牌，就是讓人們形成一種思維定式，在某種情況下自然想到要吃某種東西。我問你幾個問題，你就能檢查自己有沒有受到影響。看電影時吃什麼？下雨天吃什麼？逢年過節一家人團聚吃什麼？我猜你立刻會想到一邊看電影一邊「咔嚓咔嚓」吃爆米花或洋芋片，想到那句廣告詞「下雨天和巧克力更配」，想到一家人圍著圓桌吃火鍋，或者喝各種有節日氣氛的飲料。可以不誇張地說，我們的很多飲食習慣就是被各類廣告在悄無聲息中培養起來的。

以上這些都是環境帶給我們的誘惑。有這麼多美食的刺激，想管住嘴自然就變得很難。很多時候我們受到外界信號的干擾，在並不餓的時候去吃，只是爲了眼睛、爲了嘴巴去吃，而不是因爲我們的肚子空了。

在心理學上有個很有名的理論，叫做古典制約（英語：classical conditioning，又稱巴夫洛夫制約、反應制約、alpha制約），可以解釋這種現象。了解了這個心理學原理，你就可以運用它來改變自己在過去養成的壞習慣。

最著名的古典制約，就是蘇聯心理學家巴夫洛夫對他的狗做的實驗。在這個實驗中，一開始他每次給狗餵食的時候，都會搖鈴。經過很多次重複後，狗一聽到鈴聲就會分泌唾液。到後來，他只搖鈴不把食物拿出來，狗依然會分泌唾液。你會發現，好像狗已經學會了把鈴聲和食物自動聯繫起來，一聽到鈴聲，就知道要開飯了。這種影響來自身體無意識的反應，而沒有經過頭腦的思考。其實就是因爲一次次的重複，強化了兩種東西的關聯性，而本來這兩種東西並沒有任何關係。我們把食物叫做無條件刺激，因爲見到吃的會分泌唾液，是很自然的反應；而把鈴聲叫做有條件刺激，因爲只有把它跟食物聯繫起來時，狗才會分泌唾液。

這很像我們的某些飲食行爲。就拿看電影來說，我們進電影院的時候，常常會不由自主地想去買爆米花和可樂。很多時候電影院還會舉辦活動，提供免費或者打折的爆米花和可樂，他們的目標就是希望你在享受電影的同時，把爆米花和可樂跟看電影的快樂建立起聯繫。經過幾次重複之後，你就會認爲，看電影就應該邊吃爆米花邊喝可樂，不然就好像少了點兒什麼，看不盡興似的。

一樣的道理，如果你留心身邊的各種食品廣告，商家常把巧克力和愛情聯繫起來，又或者把速食食品（比如說肯德基的全家桶）和親朋好友的聚會聯繫起來，這些資訊不停地傳輸給你，你就會在不知不覺中形成條件反射，因爲觸發了某種情境而去吃，而不是眞的想吃某樣東西。

當然這裡只是列舉一些比較典型的例子，生活中還有很多，你也可以有意識地去發現。其實最可怕的地方，不是你意識到了卻改不了，而是你壓根沒有意識到。

來自美國達特茅斯學院的研究團隊，給孩子們看廣告片，一半的孩子看食物的廣告，一半的孩子看百貨公司的廣告，同時給這些孩子發零食。結果發現，看食物廣告的孩子比看非食物廣告的孩子多吃了超過30％的零食。（Emond, Lansigan, Ramanujam, Gilbert-Diamond, 2016）來自美國耶魯大學的心理學家們做了一個類似的實驗，結果發現，看食物廣告的孩子比看玩具廣告的孩子多吃了超過45％的零食。（Harris, Bargh & Brownell, 2009）你可以看到，這種無意識的進食有多可怕。

既然古典制約的威力這麼強大，我們該怎麼去糾正它呢？這裡分享給你兩個心理學技巧。簡單講，就是用新的條件反射去代替、消除原來的條件反射。

第一個技巧是，我們可以把這個常常誘惑我們的情境，和另一樣跟食物沒關係的東西關聯起來，原來的聯結就會減弱。比如在家看電視、電影的時候，你可以找另外一件讓你愉快的事來代替吃零食。比如說看溫情片就泡上一杯熱茶，蓋上一塊溫暖柔軟的毛毯，抱著一個玩偶，舒舒服服地蜷縮在沙發上，要是可以點上些蠟燭、香薰就更棒了。要是看恐怖片，可以關上燈、拉起窗簾，拉上幾個有同樣愛好的朋友席地而坐，營造一個恐怖的氛圍。久而久之，用新的習慣取代原來看電視、看電影就要吃零食的習慣。再比如說，一到節假日朋友聚會，我們很自然地就會認爲，聚會嘛，就應該去餐廳大吃一頓。但誰說聚會一定要去餐廳呢？爲什麼不可以去爬山、打球、散步、桌遊呢？商家自然希望我們把朋友聚會和食品消費關聯起來，但是如果我們可以把聚會和非飲食的場所、活動關聯起來，重複幾次以後，你就不會在第一時間想到要去聚餐了。

第二個技巧是，我們可以訓練自己，把吃和某個特定的場合關聯起來，告訴自己只能在某某場合進食。打個比方，在家裡，我們唯一可以吃東西的地方應該是餐桌，我們不應該在餐桌、廚房之外的地方進食。但是很多時候，我們養成了這樣的習慣，在沙發上坐著要來點兒零食，在床上躺著要來點兒零食，在書桌前坐著也要來點兒零食。這裡我請你給自己定個規矩：從今天開始，不論是正餐還是零食，必須在餐桌上進行，不可以在其他場所進食。不論是客廳還是臥室，食物不應該出現在這些場合，這樣一來我們就可以慢慢減弱沙發和零食的關聯，也就可以改變我們隨時隨地吃零食的習慣。還有就是在吃東西的時候，應該杜絕一切活動，不可以看電視，也不可以看手機，也不應該一直聊天。吃飯的時候就應該專注在吃

人家都說，下雨天和巧克力更配喔，
我們要不要去買點巧克力？
我看你長得像個巧克力！

飯上，這樣也可以削弱飲食和手機、電視之間的關聯。

除了這兩個技巧之外，還有一個很好的辦法，可以用來確認到底自己是眞的餓才想吃東西，還是因爲受到環境的誘惑。還記得我們之前講的4小時極限法則嗎？最簡單的方法就是來查一查，自己最近一次吃東西是什麼時候，是正餐還是零食呢，應該可以維持多久？比如說，如果你在兩個小時前才吃了午飯，那這個時候血糖值應該處在峰值附近，不應該餓，所以應該是環境信號、條件反射在作怪。但如果你是在三個小時前吃了零食，那這個時候血糖值的確比較低，有飢餓感是正常的，可以考慮依據「112」法則和4小時極限法則，來安排自己吃一點東西。

作業

1. 在接下來的一週裡，當你想吃東西的時候，請進行分析：是不是自己出現了條件反射？
2. 請仔細觀察，列出一到兩個自己在生活中養成的不健康的飲食習慣，也就是一到某種環境下就會想吃某種東西。
3. 請利用本節介紹的兩個技巧，去改變這樣的飲食習慣，一是把吸引你吃東西的情境跟別的、跟吃無關的東西聯繫起來，二是把進食的行為和某一個特定的場所聯繫起來（比如說餐桌之外的地方不可以進食）。

一公斤的鐵和一公斤的棉花一樣重

減肥是一個神奇的矛盾體，一方面我們都知道要少吃高脂肪、高糖分的食物；另一方面我們都有自己很愛吃的東西，哪會這麼容易就放棄自己的真愛呢？有時候我的病人會和我說，我知道吃這個對我體重不好，但是如果我連它都不能吃了，那我活著還有什麼意義。你是不是也有這樣的困惑？面對減肥和特別喜歡的食物，必須要做出一個選擇，於是心裡很矛盾、很痛苦。在這節中，我會給你指出一條新路，希望從此你不用再糾結。

首先我們要釐清一點：有些食物對你特別有吸引力，並不代表你真的愛吃它。上節我們提到古典制約，也就是說這種食物和其他東西有關聯，導致你習慣性地選擇它。比如生日要吃生日蛋糕，聚會要吃火鍋或者全家桶，看電影要吃爆米花。排除了這個因素，你真的喜歡某種食物的味道或者口感，這類食物才是我們這節課要討論的。

在減肥過程中，遇到喜歡吃的東西時忍不住，碰巧你愛吃的又都是容易發胖的食物，你通常會怎麼解決這個難題呢？市面上的減肥飲食方案，一般會要求我們徹底戒掉這些高糖分、高脂肪的食物，你試過這樣去做嗎？結果又怎麼樣呢？我的很多病人曾告訴我，說他們對一些食物就像上了癮一樣，怎麼戒也戒不掉。在他們眼裡，只有兩個選擇：要嘛永遠不再碰這些食物，要嘛就永遠胖下去。這就是在第二章提到過的兩極思維，非黑即白的兩個極端，沒有中間點。

我知道很多人都是這麼想的，他們覺得要想瘦，就必須在愛吃的東西面前管住自己，這是一對不可調和的矛盾。但實事求是來說，如果我們遵循這樣的兩極思維，徹底抵觸某種食物，反而更容易喪失控制力，在某一天沒能克制住自己的時候，就會暴飲暴食，面對自己愛吃的東西大吃特吃。我相信你有過類似的體驗。

英國里茲大學醫學院和美國營養學會等很多權威機構和人士的研究，也都證實了這一點。目前業內的共識是：我們不應該徹底戒掉某些食物，相反，我們應該想辦法適量地攝入各種食物，包括自己喜歡的高熱量食物。這裡，一定要注意到關鍵字是「適量」。

所以從專業的角度來看，直接戒掉自己喜歡的食物，從長期來說並沒有效果，反而會弄巧成拙。兩極思維，我們之前也詳細解釋過，最終會帶來溜溜球式的減肥，從而導致體重反彈。

那麼我們該怎麼處理自己喜歡吃的高熱量食物呢？這裡我介紹三個心理學技巧。

第一個技巧是，既然你愛吃，很難徹底戒掉，那不如把它加入你的日常飲食。

你可能會問：你這是鼓勵我去吃這些高熱量食物嗎？那我還怎麼減肥呀？不是這樣的，我的意思是，我們與其採用兩極思維，最後讓這些高熱量食物成爲我們的主人，爲什麼我們不可以把它們主動安排到我們的飲食計畫中來，讓我們做它們的主人呢？不錯，這些食物是有著高熱量，但是高熱量的食物只要能少量、有限度地吃，並不一定會導致長胖。換句話說，甜品甚至油炸食品，只要它們能被安排進你的減肥食譜，符合我們的「112」法則和4小時極限法則，你仍然是可以吃的。

比如本來你今天下午的零食準備吃一小杯優酪乳和一根香蕉，你大可以用一小包巧克力來取代你的優酪乳和香蕉，只要保證你攝入的熱量和優酪乳加香蕉的總和差不多就行了。一定要記住，沒有哪些食物一定會讓人變胖或變瘦，而是食物內包含的卡路里才會決定我們的體重，只要熱量是相等的，巧克力並不會讓你長胖。所以，我們要做的就是仔細地規劃，把自己喜歡的食物安排到飲食方案中來，一週兩三次最佳，既不會影響體重，又可以讓我們解饞，減少暴飲暴食的機率。

第二個技巧是，當我們把這些食物引進我們的就餐單的時候，最需要小心的就是注意這些食物的分量。因爲我們愛吃，所以會很難管住自己的嘴，很容易一直吃下去停不下來，這樣就會違背我們的飲食計畫。

這裡有幾個小訣竅，一個是不要在超市購買大包裝的食物，想吃的時候，可以去街角的便

哎呀，怎麼辦，我剛剛沒忍住吃了一小塊巧克力！
本來只允許自己喝一杯優酪乳和吃一根香蕉的。
一公斤的鐵和一公斤的
棉花哪個重？

傻了啊，當然是一樣重。
咱倆到底誰傻？

利店買。一般情況下，大包裝或者多包裝的價格會便宜很多，我們很容易被引誘著買更多在家囤著，但是一買多，自然就容易吃得更多。小包裝就比較安全，吃完了也就沒有了，很多時候因爲人的惰性，我們不大可能再出門去買更多。

還有一個訣竅是，和身邊的人一起分享，這樣就可以保證不會自己一個人把一整包都解決掉，畢竟在別人面前暴食的機會會小很多，我們也會更自覺。

接下來介紹第三個技巧，對於什麼情況下允許自己去吃喜愛的食物，我們可以制訂出一些規則。

比如我們可以將自己喜愛的食物作爲獎勵，來激勵自己去完成某些任務。舉個例子，如果我這週末前可以把手頭上這份工作或功課做完，我就允許自己在週末的時候，吃一小包糖果或一小包洋芋片。這樣的話，我們既可以防止衝動型進食，又可以讓自己在其他領域更成功，累積更多正面的情緒，從而減少我們對食物的依賴。還有就是我們上一節講到的內容，進食應該只能在餐桌上進行，在其他場合（包括客廳裡、臥室裡、公共交通工具上、大街上等）就不應該吃東西。同樣，遵循「１１２」法則和4小時極限法則，一定要確定，自己是在身體需要的時候才吃，而不是因爲嘴饞而吃。

作業

1. 請問問自己：如何把喜愛的高熱量食物加入自己的日常飲食中來，又可以不過量？

2. 在接下來的一週裡，請利用這一節介紹的三個技巧，規劃一下怎麼把愛吃的食物融進減肥飲食計畫中，比如計畫什麼時候吃多少，要滿足什麼樣的條件才會獎勵自己吃，怎麼確保自己會購買小包裝或者是和別人一起享用。

讓我往東，我偏往西

在第一章，我們學習過怎麼判斷自己有沒有情緒化進食，我也讓大家在自己的生活中去觀察，究竟什麼樣的情緒會誘發你的情緒化進食。

那麼當情緒不好的時候，我們該怎麼管住自己的嘴，擺脫原來的不良習慣呢？在介紹方法之前，我們需要先認清一個很重要的事實：當負面情緒來襲，你可能會有用飲食來疏導情緒的衝動，這個時候單純去控制飲食是沒用的。

情緒化進食的根源其實並不是我們管不住自己的嘴，而是我們管不住自己的負面情緒。這就好比家裡因爲瓦斯閥門漏氣引發了火災，這個時候單純去把火撲滅沒用，關鍵是找到根源，把瓦斯關上，才能徹底解決問題。所以想要減少情緒化進食，就需要一些情緒管理的方法。

這裡我介紹給你一個四步情緒管理法。只要你能做到這四步，自然就管理得了你的負面情緒。不僅可以防止情緒化進食，還可以提高你的情商，讓你在生活中更成功。

這個四步情緒管理法其實來自辯證行爲療法（DBT），也就是當下國際上最推崇的暴飲暴食的干預方式之一。這四步分別是：觀察並描述情緒、停止行動、核查事實和反方向行爲。

第一步，觀察並描述自己的情緒（observe and describe emotions）。

當我們覺察到自己在情緒化進食或者有情緒化進食的衝動時，最重要的一步就是用簡單的詞來描述自己的情緒。很多時候我們只知道自己心裡難受，然後就去大吃特吃了，但是從來沒有去仔細看一看，這些難受具體都是些什麼。只有認清了情緒，才談得上管理它。

常見的負面情緒大概可以歸納爲下面的五大類：憂鬱／難過，焦慮／緊張，反感／噁心，生氣／憤怒，內疚／羞恥。你可以先給自己的情緒歸類，然後用數字來標注情緒的強烈程度。比如從0到100，我的焦慮可能是70；或者我現在很憂鬱，強度是85。如果你不太清楚自己目前感受的到底是什麼樣的情緒，那麼請利用我們在第一章介紹的ABC模式，逐一寫出A.誘發事件、B.認知和C.行爲和情緒，看看能不能用ABC模式來理解你的情緒。只有對自己的負面情緒有了清楚的了解後，才可以進入第二步。

第二步，停止手頭一切行動（STOP）。

關於這個技巧，其實一共又有四個步驟，分別是S、T、O、P四個字母，連起來就是STOP。

S代表的就是stop，也就是說，當下無論你在做什麼，想去做什麼，或者已經做了什麼，都不重要，停止一切手頭的行動。就像我們小時候玩過的「誰是木頭人」的遊戲，我需要你在這一瞬間定格，不論已經開始情緒化進食，還是有情緒化進食的衝動，先停下來。

T代表的是take a step back，也就是說退後一步。這裡我需要你做的是雙腳退後一步，比如你有去冰箱拿蛋糕的衝動，那麼就遠離冰箱一步，甚至可以離開廚房；比如你有用手機叫外賣的衝動，那麼就把手機放在桌子上，遠離手機一步，甚至可以去另外一個房間。

O代表的是observe，也就是說靜下心來觀察當下正在發生什麼，自己爲什麼想要進行情緒化進食，自己在哪裡，今天發生了什麼。舉個例子，當你離開了廚房後，我需要你深吸一口氣，然後觀察剛才到底發生了什麼。可能你今天壓力很大，對一些事情很焦慮，剛才想用甜食來安慰自己。

P代表的是proceed mindfully，也就是回歸理性，去做自己該做的事情，做出不繼續情緒化進食的決定。比如你離開廚房，認識到是因爲緊張焦慮才引發了情緒化進食，那麼接下來，你去做什麼更有效？可能出門一會散步，又或者打個電話給好朋友，又或者可以去洗個澡讓自己的心靜一靜？你也可以問問自己：我想繼續回到情緒化進食中去嗎？我會後悔嗎？當你能收斂自己情緒化進食的衝動時，就可以進入第三步了。

第三步，核查事實、對情緒進行檢查（check the facts）。

這一步我們在第一章也介紹過，這裡你可以順便復習一下。講到底，就是要問自己兩個問題：第一，我的情緒和現實情況相符嗎？如果同樣的事情發生在另一個人身上，他們也會有同樣的情緒嗎？打個比方，今天上司給了我一些工作上的回饋，雖然總體是滿意的，但是他給了我兩點建議來幫我提高工作效率。我現在感覺到很強烈的內疚，有80分。這個時候我就要核查一下事實了，事實是今天上司對我的工作表現給予了好評，他在給建議時態度很誠懇，所以應該不是在批評我啊。這樣核實後，我們發現自己的情緒和現實並不一致，就相當於重新評估了自己的情緒。

你要問自己的第二個問題是：我的情緒強烈度和現實情況相符嗎？面對同樣的情況，其他人會有同樣強烈的情緒嗎？打個比方，我明天要給同事做一個工作報告，我現在很焦慮，大概有90分，我擔心自己PPT做得不好，擔心別人會笑話我。這時候我的焦慮感可能和現實比較符合，但是這個強度是不是有些極端？大家一般都只是很重視這個工作報告，從來沒有人去批評做報告的人，所以這麼一想，我的焦慮感可能應該是40而不是90。如果你用核查事實這個技巧，發現自己的情緒或者情緒的強度不符合事實，那麼接下來就可以進入第四步了。

第四步，和自己的負面情緒做反方向行爲（opposite action）。

如果已經確定我們的負面情緒和事實不符，或者誇大了情緒的強度，我們就要按照我們的負面情緒，做完全反方向的行爲。我們繼續用上面這個例子：明天我做工作報告，自己現在焦慮感到了90分，但其實40分才比較符合現實。那麼接下來要做兩件事，首先問問自己，當下的負面情緒想讓我去做什麼呢？比如我現在唯一想做的，就是明天請個病假，不去上班，逃避明天的報告；要不然就是做報告的時候全程讀稿，不和同事進行任何眼神交流。

然後，我們完完全全地反方向行動，自己的情緒想做什麼，我們就180度大轉彎地去做相反的行爲。一般情況下，這樣反方向的行爲是更明智、更有效的。比如焦慮的心情想要我明天請病假躲避做這個報告，那麼我的反方向行爲，就是不僅明天要去上班，還要早半小時到；不僅要做報告，還要大聲朗讀，看每個人的眼睛，去吸引大家的注意，不做一絲逃避。某種程度上，我們要用到一種叛逆感，去做這樣一個反方向行爲。我們的負面情緒，很多時候像是一個用哭鬧來換取父母注意力的小孩，給他過多關注反而會讓他變本加厲地哭鬧。所以有效的解決方法是

圓子，你給我往東走！
你讓我幹嘛我就幹嘛，那我豈不是很沒面子？我偏要往西走。
負面情緒

不聽從自己的負面情緒，做出反方向的更明智有效的行爲，從而眞正解決現實中的問題，而不是陷入負面情緒中。

作業

1. 在接下來的一週裡，當你體驗到負面情緒，或者覺察到情緒化進食時，請充分利用這一節介紹的四步情緒管理法，管理自己的負面情緒，從而防止情緒化進食。
2. 請充分利用生活中的各種機會，不斷練習這四個步驟：觀察並描述情緒，停止行動，核查事實和反方向行為。

帶著正念吃飯

關於飲食，大家都知道吃八分飽最好，但是八分飽到底是什麼樣的感覺？對大多數人來說，吃飯變成了兩點一線的過程，從肚子空空開始吃，等回過神來就已經吃到肚子很撐。如果我們不能在快要吃飽的第一時間覺察到飽足的程度，那自然沒辦法在八成飽的時候停下來。這就好比這段路開車限速60公里，但是你就是不看車速表，不知道車子的速度，那麼當然很容易超速。怎麼能及時知道自己有幾分飽呢？講到底，你需要學會如何跟自己的身體對話。

在這一節裡，我會重點介紹一個心理學技巧，叫做正念飲食。它能很好地幫你跟身體對話，準確捕捉到身體的感受。

以正念（mindfulness）爲基礎的心理學療法，在最近這幾年流行了起來，可能你也聽說過。其實正念來自佛教的一個傳統，它指的是一種精神狀態，當我們完全活在當下，把注意力全部集中在眼前的事物上，並不帶任何主觀評判時，這樣的狀態就叫正念。

如果不帶著正念去吃飯，大概是什麼樣子呢？

吃飯的時候，我們應該做什麼？當然是吃飯。但是你吃飯的時候當眞只是在吃飯嗎？在生活中，我們對這樣的場景應該不陌生：剛在飯桌邊坐下來，就開始看手機，讀新聞也好，看影片也罷，甚至是玩遊戲。等到菜端上來了，我們還是一邊吃飯一邊玩手機。還有些人喜歡吃飯的時候聊天，一邊吃一邊說話。這樣的你到底有多少注意力是在眼前的食物上呢？你眞的去品嘗你的食物了嗎？吃完飯，你當眞記得你那餐吃了什麼嗎？有時候，你手裡拿著筷子，嘴裡嚼著飯菜，並沒有做別的事情，但是你的頭腦裡完全是在想工作、學習上的事情，要嘛糾結著過去已經發生的不順心的事，要嘛擔心著未來還沒有發生的讓人焦慮的事。你的身體在吃飯，但是大腦並不在場。這樣眞的是在吃飯嗎？你又怎麼能感覺到自己吃飽了沒呢？一不留神就吃撐，這再自然不過了。

正念飲食，就是把全部的注意力集中在「吃」這個過程上，充分利用我們的各個感官，去關注當下。如果我們處在正念的狀態，那麼眼睛應該注視著眼前的食物，鼻子應該聞著它的香味，嘴巴應該感知著它的口味，腸胃就可以感受到食物在我們體內積累。簡單地說，你的世界裡只有一件事情，就是吃飯，全神貫注地吃飯，沒有其他雜念。

我們可以透過來自辯證行爲療法（俗稱DBT）的正念技巧（mindfulness skills）來練習正念飲食。正念技巧一共有六個要點，前面三個是教我們做什麼能達到正念，也就是要怎麼做；後面三個是教我們在做的過程中，遇到困難該怎麼辦。

欸，丟丟，我跟你說……
閉嘴！沒聽過「食不言」嗎？

聽說你男神有女朋友了。
你說什麼？快給我說說，
那女的是誰？

第一點是觀察（observe）。

觀察意味著用我們的五官，去感知當下正在發生的事情。吃飯的時候，我們應該觀察的是眼前的食物，食物是怎麼進到嘴巴裡的，怎麼被我們嚼碎的，又是怎麼被吞嚥下去的。

第二點是描述（describe）。

描述意味著用語言來描述我們觀察到、感知到的資訊。吃飯的時候，我們應該描述的是食物的色香味，在嘴巴裡的口感。讓我們的胃感覺到食物的體積和溫度，而不是我們大腦裡的雜念。

第三點是參與（participate）。

參與意味著全身心投入到我們當下做的事情上。這就好比彈琴的時候，人琴合一的概念。我們在吃飯的時候，要做的就是全神貫注地去吃飯，完全活在當下。

做到這三點，我們就做到了正念飲食。但是你可能會覺得說起來容易，做起來也不是那麼容易。接下來我就介紹後三點，把握這些原則，你就能做得很好。

第四點是非評判性（non-judgmentally）。

非評判性，指的是當我們去做前三點的時候，不應該帶著任何主觀評判的態度，而應該就帶著實事求是的態度。比如說一開始練習正念飲食總會遇上很多困難，最常見的就是容易分心，要嘛想到別的事情上去，要嘛心裡想「這樣吃飯好無聊、好奇怪啊」，等回過神來的時候已經到了十分飽。我們不要去評判自己，覺得：啊，我怎麼又晃神了，眞是的，這點兒小事都做不好。而是不去刻意掩蓋，就讓一切自然發生：沒關係，我剛才分心了，現在繼續專注吃飯就好。

第五點是一心（one-mindfully）。

一心，指的是在同一時間只做一件事，不要一心二用。做完一件事之後，再去完成下一件事情。比如說吃飯的時候，我們就只吃飯，不做其他事情。

第六點是有效（effectively）。

有效，指的是當我們去觀察、描述、參與時，要選擇有效的、明智的行爲，而不是跟著情緒來做決定。比如說我們在吃飯時，可能很焦慮，很想趕緊吃完後回去繼續工作，這個時候你要問自己：現在究竟怎樣的選擇是最明智的？囫圇吞棗可能會吃得過飽，讓自己不舒服；而靜下心來感知食物、暫時把焦慮放在一邊，可能讓自己更有效地回到工作中。

爲了幫你眞正領會這種正念飲食的狀態，接下來請你跟我一起做一個正念的小練習。

首先，找到一個舒服的姿勢，不論你是坐著、站著還是躺著，找到這樣一個姿勢，讓你的身體可以和地板、座椅、床有充分的接觸。然後，讓我們暫時閉上眼睛，手臂自然下垂到身體兩邊，把注意力集中到你的呼吸、你的鼻頭上來，你可以感受到空氣是怎麼從你的鼻孔進入，然後離開的嗎？空氣是冷的，還是熱的？是重的，還是輕的？如果你感覺不到自己的呼吸，也不要緊，不要去評判自己，讓我們再來試一試，當你呼吸的時候，你可以感覺到自己的鼻尖嗎？你在自己的身體裡覺察到了什麼？

接下來，深吸一口氣，讓空氣一路下降，從鼻子下降到肺部，最後下降到腹部。然後緩慢地把這口氣呼出，讓空氣一路上升，從腹部上升到肺部，最後從鼻孔排出。讓我們再來深呼吸一次，1、2、3、4、5，深深地吸入空氣；5、4、3、2、1，深深地呼出空氣。你可以感覺到空氣在你的體內遊走嗎？你可以感受到你的身體是如何呼吸的嗎？當你在呼吸的時候，你發現自己晃神了嗎？你發現自己開始擔心未來的事情了嗎，還是回憶起了過去發生的事情呢？

接著請將注意力轉移到你的嘴巴裡。你的嘴是乾燥的，還是濕潤的呢？你的嘴裡有任何唾液嗎？如果有唾液的話，你知道它們在哪裡嗎？你的舌頭可以碰到它們嗎？你能感覺到唾液在繼續增加嗎？現在我請你緩慢地嚥下一小口唾液，很慢很慢地嚥下，你可以在喉嚨中感覺到嚥下的唾液嗎？你能感覺到唾液正在慢慢地順著喉嚨往下移動嗎？接下來，請你再深吸一口氣，1、2、3、4、5，深深吸入；5、4、3、2、1，深深呼出。

現在請你睜開眼睛，這個小練習完成了。現在你感覺怎麼樣？能和自己的身體對話嗎？你有沒有興趣在吃飯的時候再做一次這樣的練習，去感知你的飽足感呢？

作業

1. 在接下來的一週裡，請在用餐的時候抽出幾分鐘時間，去練習正念飲食，用這個方法來感知自己的飽足感，在八分飽時及時停止進食。

2. 請充分利用生活中的各種機會，不斷練習正念飲食和正念生活：觀察，描述，參與，非批判性，一心，有效。

向你有好飲食習慣的朋友看齊

你可能會有這樣的疑惑：我能及時發現自己已經吃飽了，但還是常常停不下來，該怎麼辦？那我要說，這可能是因爲你有著不良的飲食習慣。

你有過這樣的經歷嗎？在餐廳點菜的時候，擔心不夠吃，於是多點了幾個菜，但是吃到一半的時候，才發現自己點得太多了，根本吃不完。又或者，已經吃飽了，但是碗裡還剩下一點兒飯菜不想浪費，於是硬撐著把它吃光。再或者，出去吃到飽Buffet的時候，覺得自己要是不多吃點兒會虧本，即使已經吃飽了，但爲了把本錢吃回來，結果把自己撐到不行。我們知道吃飽就要停下來，可總是忍不住又多吃兩口。

那該怎麼改變這些根深蒂固的習慣呢？首先，我們需要認識到一點，就是這些不良的飲食習慣，源自我們從小養成的對食物的消極信念。

我們在第一章講到過，童年經歷會讓我們形成一些對食物的消極信念。比如說，我們從小被教育浪費糧食可恥，「誰知盤中飧，粒粒皆辛苦」，所以如果我們剩飯剩菜，就應該感到羞恥。再比如說，我們小時候條件沒那麼好，好吃的東西要很久才能吃上一次，所以遇到好吃的要是不多吃一點兒簡直太傻了。或者如果不多準備一點兒飯菜，我們就會吃不飽、餓肚子。還有，我們的長輩，尤其是爺爺奶奶輩會特別強調要多吃肉，吃肉才能長高個兒，等等。這些信念，在過去可能是適應當時的生活環境的，但是在今天的生活中，它們反而阻礙了我們去過健康的生活。就拿不能浪費來說，可能在我們兒時那個年代，這樣的習慣是很必要的，但如今，我們並不一定要這麼死板地遵守。爲了節約而把自己弄胖，並且加重了胃和腸道的消化負擔，影響了健康，只要稍微一想就知道得不償失，對吧？

那你可能又會疑惑了，我們知道這些信念不全是對的，爲什麼還一直堅持著這樣的信念，改不過來呢？這裡我要介紹一個心理學原理，叫做操作制約（operant conditioning）。

操作制約是由美國的心理學家史金納提出的，他做了這樣一個著名的實驗：把一隻小白鼠放進籠子裡，籠子裡有一個槓桿，只要老鼠按壓槓桿，就會有一團食物掉進去，然後老鼠就可以吃到食物。這樣重複幾次以後，老鼠就學會了：按壓槓桿就有吃的。其實這個實驗原理很簡單，如果我們做出某個行爲，就可以得到想要的東西，或者避免得到不想要的東西，那我們就會更喜歡做這個行爲。心理學上稱做「行爲的結果強化了行爲本身」。

打個比方，在點菜時，我們擔心如果不多點一些，就可能會不夠吃。這時候多點一些吃的就是一個行爲，而餓肚子就是我們不想要的消極的刺激物。多點了一些飯菜後，果然夠吃了，我們潛意識裡就會認為：之所以我沒有餓肚子，是因為我多點了幾個菜。這樣下次吃飯時，你就很可能習慣性地繼續多點菜。一樣的道理，當我們撐著肚子把剩飯剩菜吃完的時候，就避免了「感覺可恥」這樣的負面結果；當我們吃吃到飽Buffet吃到扶著牆走出來時，就會覺得自己沒虧本。於是，我們會繼續這麼做。

這就是為什麼你知道不應該吃太多，但就是很難做到。那我們該怎麼打破這種操作制約呢？

首先，我們要充分認識到，這些信念是不準確的，和事實相違背的。比如說，你可以回顧一下，有沒有哪次你點菜的時候覺得有點兒少，但是吃著吃著發現竟然已經夠吃了？你也可以想一想，如果不一次點很多，是不是還有其他方法可以彌補？比如真的不夠吃了，到時候再加一個菜不也來得及嗎？為什麼非要在一開始就點那麼多呢？浪費食物這個信念也是不準確的，當然我並不是否定大家的節約意識，而是生活中我們不可避免地會遇到已經飽了但還沒吃完的情況。這時候你可以問自己：你是更願意浪費食物，還是更願意保護自己的身體健康？再說了，我們是不是可以把剩下的飯菜留著下次再吃，而不是非要這次吃完？或者剩菜剩飯是不是可以有其他用途，比如拿去餵流浪貓或流浪狗？至於吃到飽Buffet怕吃虧的例子就更簡單了，問問自己：我花錢來消費圖的是什麼，是為了填飽肚子，還是為了享受美食和環境呢？吃到撐的時候，你真的感覺很享受嗎？

一個風味茄子，一個烤鴨，
一個軟炸蝦仁，一個……
夠了夠了，吃不完的，
不要別的了。
不當行為，
請勿模仿。

怕什麼，
吃不完的打包回去給我家狗狗。
……
不當行為，
請勿模仿。

認識到了原來的信念不準確，接下來我們要用新的信念來取代它。

第一步，寫出新的信念。請注意，這個新的信念應該是更理性、更符合客觀事實的。比如說，你的新信念可能是：少點一些菜，我也一樣可以吃飽，而且可以更健康、更美麗。哪怕你目前還不相信這樣的信念，也不要緊。

第二步，我們要按照這個新信念去做幾次試驗，看看它是不是能帶給你更好的改變。比如說，我們可以特意比平時少點或者少做一兩個菜，看是不是真的會餓肚子。大多數情況下，你是不會餓肚子的，就算偶爾會，吃完再補也不遲。

當你做了幾次試驗之後，就進入第三步，評估你的新信念。看看你試驗的結果，然後決定在接下來的日子裡，究竟是選擇舊信念，還是新信念。到底哪個更符合現實，更適合你想要的健康美麗的生活呢？

按照這三個步驟去做，就可以逐漸改變原來的不良飲食習慣。

作業

1. 請在接下來的一週裡審視自己：我們有沒有不良的飲食習慣？我們對食物是否有消極信念？這些消極信念來源於怎樣的經歷？
2. 當你識別出這些和飲食相關的消極信念後，請對這樣的信念發起挑戰，問問自己：我這麼想真的對嗎？這樣想是不是和事實相違背？有沒有其他辦法可以彌補？
3. 請透過這節介紹的三個步驟，用新信念取代舊信念。第一步，寫出新信念；第二步，做幾次試驗；第三步，評估效果，重新做選擇。

優酪乳取代小龍蝦

減肥最理想的狀況，當然是可以每天都在家親手煮飯，做出既美味又健康的食物，這樣我們就能完全控制自己的飲食，但現實往往不是這樣。減肥的一大難題，就是我們難免會遇上外出用餐或者朋友、同事、家庭聚餐等場景，或者沒有辦法逃避具有「殺傷力」的場景（比如逢年過節、吃到飽Buffet、旅遊等）。一旦要外出用餐，特別是已經習慣了在家煮飯的我們，就會面臨各種各樣的誘惑，不僅來自食物，更來自用餐的環境（比如餐廳的氛圍、華麗誘人的功能表），還有身邊的夥伴們（比如你的那幾位「吃貨」朋友）。那我們應該採取怎樣的準備措施呢？

我們要先弄清楚外出用餐會給我們帶來怎樣的挑戰。講到底，餐館是爲了營利而存在的，所以他們的目的是想方設法用最便宜的原料做出最美味的食物，從而讓顧客多消費，甚至成爲回頭客。那麼爲了省錢，同時又爲了美味，必然會用上各種高脂肪、高糖分、高鹽分、多味精的食材和烹飪方式，刺激我們的味蕾。如果你日常堅持著「112」法則和4小時極限法則，每天勤勞地用飲食紀錄表去管理自己的飲食，那麼這樣的食物會很容易導致我們暴飲暴食，從而走上溜溜球式減肥。很常見的情況是這樣的：小美好不容易花了一個多月的時間，從打掃廚房到購置新鮮食材，從記錄飲食到近乎虔誠地每天在家煮飯，帶飯去上班，動用各種情緒管理法，終於在健康飲食的道路上達到了一個里程碑。但是正好趕上了過春節，回家過年各種美食不說，她正好放了一個長假，各種見老同學、出去聚餐。吃了一餐火鍋之後，她感覺自己破了戒，心裡一半內疚，但是也一半欣喜。轉念一想，反正我都已經「破戒」了，一次也是破，兩次也是破嘛，於是開始「破罐子破摔」，接下來的假期裡，健康飲食這四個字全部還給了老師，丟到了西天之外，從火鍋到燒烤，再到各種油炸食物吃了個痛快。春節一過，她迎來的是體重的反彈和各種負面情緒。這樣的情況你遇到過嗎？

第一個技巧，其實就是我們之前學到的原則。不論是在家吃飯，還是在外面吃飯，食物的攝取依然需要嚴格遵守「112」法則和4小時極限法則。注意保持1份碳水化合物、1份蛋白質，以及2份蔬菜，不要把進食的間隔拉得太長或者太短。還有一點也很重要，就算是外出進食，也請提前一天在飲食計畫表上標注出來，早一天做好準備，同時當天依然要繼續完成飲食紀錄。在外出就餐的時候，依然需要用到正念飲食的技巧。這些基本的原則，一樣都不能少，保持這些良好的習慣，才是杜絕外出用餐暴飲暴食的最佳方法。

接下來的幾個技巧，總的來說可以分為兩類，一類是從生理上著手，降低我們暴飲暴食的風險；一類是從心理上著手，用認知行爲的手段改變我們對外出就餐的應對模式。

從生理上來說，最大的風險因素，在於外出就餐的時候處於一個偏飢餓的狀態，本身已經肚子咕咕叫，又遇上各種美味高熱量的「禁忌」食物，怎麼可能抵擋得住誘惑呢？所以，請務必在外出就餐前提前墊飽肚子。打個比方，如果約好了7點鐘晚餐，那麼根據4小時原則，如果你的午餐是在12點鐘左右，那麼請在下午3～4點鐘吃一些零食（比如說一個蘋果加上一杯優酪乳），然後在6點鐘吃一頓比較清淡的「小晚餐」（比如說可以吃半份蔬菜沙拉，又或者吃一片全麥麵包配上無添加花生醬），這樣即使到了8點鐘才「正式開吃」，你也不會處於一個飢餓的狀態，更有可能保持理性。如果時間上不允許，或者並不知道到底什麼時候開餐，那麼請務必在自己的包包裡裝上一些零食，不論是堅果、水果、全麥無糖餅乾都可以，哪怕在去餐廳的路上吃一些零食也是好的。

從心理學上說，也有很多小技巧。有條件的話，最好在就餐前，提前上網做好功課，看一看這家餐廳的菜單到底怎樣，有什麼是符合自己的健康飲食計畫的。請一定要事先做好點餐的準備，在不餓的狀態下，在家裡提前決定到底自己想要吃什麼，甚至可以把這道菜的名字記下來，放到手機上，然後可以提醒自己。如果是吃到飽餐廳，最好提前選擇好一個參照對象，這個參照對象應該是你身邊飯量比較小的一位，如果這位參照對象不去拿新食物，那麼你也不應

圓子，我們一會兒就要出門聚餐了，
你怎麼還在吃？
留著肚子吃好吃的吧！
我現在吃這些，一會兒就吃不下那些
高熱量食物了，快，你也來吃一點。
Milk

我不要，我一會兒還要吃麻辣小龍蝦呢。
哼，瘦就可以為所欲為嗎？
Milk

該「出手」，在吃的過程中，也可以按照這位參照對象來調節自己的進食速度。如果你在外出用餐的時候很難找到機會練習正念飲食，那麼我建議你在飯吃到一半的時候，起身出去一趟，找一個人少的地方，然後深吸一口氣，利用我們之前介紹的練習，去感知你的飽足感。外出聚餐的時候，我們一邊吃飯一邊侃侃而談，非常容易分心。透過吸氣可以讓我們回顧正念，再次連接上自己的身體。還有，如果你有「什麼都要嘗一嘗」的想法，那麼請一定要及時去挑戰自己的想法，在點菜的時候不如和自己說：我們先按照自己之前的計畫點上一個菜，等吃完了以後，去做一個正念的練習，如果還是想要吃的話，到時候再去點一個菜也不遲。並不是現在不點，而是要等候一段時間，如果的確有需要再去點。很多時候我們的眼睛往往會代替腸胃做出決定，最後因爲害怕浪費，不得不把菜硬吞下去，何苦呢？

很多朋友會問這樣的問題：一週可以外出聚餐幾次呢？如果外出聚餐，會不會對自己的體重帶來很大的影響呢？這一點，其實也有準確的答案。很多厭食症病人在康復期間，最害怕外出就餐對體重的影響。根據大量的臨床研究和實踐，如果每週外出就餐的次數不超過2次，那麼對體重不會產生任何影響，當然前提是你不要暴飲暴食。只要外出就餐的食物攝取量只是略大過平時在家的食物攝取量，就不要擔心，你不會因此而變胖的。人體有自我調節機制，會自動調整過來。比如很多時候，在吃了油膩食物之後，你會發現接下來這一兩天你的口味變得清淡，或者後面連著幾天特別想去運動，甚至感覺身體有些焦躁不安，這些都是身體自我調整的機制在起作用。只要你可以做到一週外出就餐不超過2次，並且每次都沒有暴飲暴食（少量地增加食物攝入量是允許的），這樣並沒有問題。

作業

1. 在接下來的一週裡，如果需要外出就餐，請在就餐前仔細閱讀本節的內容，對外出就餐做好準備和規劃，不打無準備之仗。
2. 在外出就餐時，請嚴格遵循「112」法則和4小時極限法則，也請在就餐前吃一些零食，同時提前做好功課、找好一個參照對象，從而降低自己暴飲暴食的風險。
3. 請限制自己外出就餐的頻率，一週內不應該超過2次。

Chapter 4

懶人運動福利

不要寄太多希望於計畫性運動，

多想想怎樣可以增加附屬性運動。

不論多小的運動量，

對減肥都是有幫助的。

坐電梯換成走樓梯

我們都知道運動對減肥很重要，對身心健康也很重要。減肥其實就是一個數學等式，一邊是能量攝入，一邊是能量消耗。運動能幫助我們增加能量消耗，自然可以幫你瘦下來。

雖然道理很簡單，但是要堅持運動，做起來很難。不知道你有沒有過這樣的經歷：新的一年給自己訂了新計畫，花了幾千甚至上萬塊辦了健身房會員卡，報了各種健身班，或者給自己買了跑鞋和各種運動器械，準備大幹一場。結果你運動了幾次之後，因爲各種事情沒有堅持下去，最後你的會員卡或者各種裝備就在家裡吃灰了。這就好比我之前講到的飲食減肥一樣。不錯，市面上有很多減肥飲食方案，在短期內都是可以幫你減肥的，但是你沒有辦法長期堅持下去。運動也一樣，不能持續的減肥都是假減肥，不論是運動還是飲食。

那我們該怎麼讓自己能堅持運動，還不覺得累呢？很簡單，換一種方式來運動。

身體活動其實有兩種，一種叫計畫活動，另外一種叫附屬活動。我們平時去健身房也好，去跑步也好，或者去打球跳健身操，這些都是要提前計畫好的。要抽出時間專門去做的運動，叫做計畫運動。而我們在平常生活中不經意間完成的運動，包括上下樓梯、走路、站著、起立、蹲下，這些都是在生活中自然發生的，所以叫做附屬運動。這裡的問題，就是我們在減肥的時候常常把重點放在了計畫運動上，卻忽略了附屬運動。計畫運動自然消耗能量更多，效果更好，但最大的問題是難以堅持下來。

道理很簡單，計畫運動耗時間啊！就算你去健身房只準備運動個四五十分鐘，但是你過去的路上要耗時間吧，回家路上又要花時間，來回可能一個小時就沒有了。而且去之前要收拾好衣服、包包，回到家還要洗澡、洗衣服，半個小時又沒有了。40分鐘的運動一共要耗去兩三個小時的時間，誰可以一直堅持下去呢？如果你天天沒事做，那麼花三個小時去運動也挺好，但是對大多數人來說，我們要去上班上學，要賺錢、吃飯、做清潔，要見家人、談戀愛、見朋友，哪裡可能每天都花上幾個小時去做計畫運動呢？

我們討厭運動還有一個原因，就是覺得累。想想要做很多動作，可能會氣喘吁吁，還會出一身臭汗，就覺得太有挑戰性了。好像我們必須要專門安排，找一個精神狀態好、體力充沛的時間，而且確保運動完沒有其他安排，可以盡情休息，才願意去做。

那該怎麼辦呢？不運動嗎？當然不是。我強烈建議你不要寄太多希望於計畫運動，多想想怎麼樣可以增加附屬運動。

比如你每天要去上班，如果是坐公車或是捷運，你可不可以提前一站下車，然後走一站路呢？也許你可以看看沿途的風景，心情還會更好些，上班時的狀態也會更好。如果你是開車上班，可不可以把車停遠一些，這樣可以多走些路，或者從停車場走樓梯上樓而不是坐電梯。如果你覺得上班時間太緊張，那可不可以只在下班時這麼做？如果你要爬十幾層樓，感覺太難，那可不可以爬到四五層再坐電梯？或者提前兩三層下電梯，剩下的幾層走樓梯？

在上班上學的時候，你可不可以每一兩個小時站起來活動一下，而不是一坐就是幾個小時，讓脂肪盡情地在肚子和屁股上堆積呢？我們可以每一兩個小時起來去一趟廁所，這樣一起一坐就是兩個深蹲；或者去樓下走一走呼吸一下新鮮空氣；有事找同事交流的時候，直接過去找他們而不是發Line；去不同的樓層上廁所，甚至只是走到飲水機旁邊倒杯水，起身去倒一下垃圾。不論多小的運動量，對減肥都是有幫助的。到了中午吃飯的時候，你可不可以不要叫外賣？相反，你可不可以約一個同事，走出去吃飯或者自己去取餐呢？這樣又可以多走一段路，還可以從繁忙的工作中放鬆一下。甚至自己煮菜做飯也可以增加運動量，有時間的時候，去市場買些新鮮蔬菜，自己回家烹飪，不僅增加了運動量，還比整天吃外賣健康了不知道多少倍。如果你還是覺得難，那就不需要每天都做到，可不可以規定自己每週一三五去做？

這樣說來，其實我們可以有很多種方式，來改變我們生活中的小習慣，增加附屬運動量。你可能說，但是這些運動量很小啊，可以減肥嗎？不錯，附屬運動量是比計畫運動量要小不

圓子，去幫我倒一杯水好嗎？
我不想動，誰喝誰倒。

我這是為你好，動一動有助於你減肥。
我差點就信了。

少，但是重點在於我們可以一直堅持下去。跑步5公里固然厲害，但是如果你每兩週才跑一次，又有什麼用呢？而如果每天只是多走一點兒路，比如說走4公里，那兩週就積累了56公里的步行，這比跑5公里要強多了，不是嗎？現在手機上都可以計步，我們可以很直觀地看到成果。

所以不要小看不起眼的附屬運動，對難以堅持運動的人來說，它的減肥效果要比計畫運動好太多了。來自美國科羅拉多州大學醫學院的研究團隊做了一個很有意思的比較研究，他們想知道在大家吃得一樣多，也都沒有刻意去運動的情況下，爲什麼有些人容易發胖，而有些人就不會。結果發現，那些不容易胖的人，其實只不過就是附屬運動更多。（Schmidt, Harmon, Sharp, Kealey & Bessesen, 2012）美國非常出名的梅奧診所（Mayo Clinic）的內科醫生們做過一個更有意思的實驗，他們把診所的桌子換成了一個基於跑步機的平臺，這樣醫生在工作時就是一邊用電腦一邊走路。在3個月後，他們發現，這些醫生平均減去了將近兩公斤的體重，體脂比下降了將近2％，而絲毫沒感覺到自己多做了些什麼。（Thompson, Koepp & Levine, 2014）他們還做了另外一個實驗，還是用這個基於跑步機的工作平臺，讓36個不愛運動的白領堅持用了一年。結果發現，一年以後，這些白領中連一點兒也不胖的人體重都減輕了，最少的輕了將近1．5公斤，最多的輕了將近5公斤。而那些偏胖一些的白領，則最少減掉了將近2

• 5公斤，最多減掉了將近6公斤。（Koepp, et al., 2013）請注意，這是在沒有刻意運動也沒有節食的情況下瘦下來的喔！

看了這些研究結果，你就不難發現，生活中一些微小的改變可以導致很大的變化。正是因爲它們微小，所以我們可以保持下來，不知不覺中就瘦了。所以如果你覺得自己是個懶人，那麼增加附屬運動量，改變每天的生活習慣，才是最可靠、最能堅持下去的減肥好方法。

具體怎麼去做，要取決於你的生活環境。總的來說，我們要多走動。前面我們提到了可以多走樓梯，多走路，儘量自己做飯，其實你能做的還有很多。比如，哪怕只是多站一站，也會增加附屬運動量：剛吃完飯站一站，坐久了起來站著工作一會兒，站著看電視，站著玩手機，總之能多站就儘量多站。另外，能自己動手做的事情就自己做，比如說打掃衛生、洗衣服、去超市買東西等，不要依賴別人或者交給機器。這些小習慣不僅可以增加我們的運動量，還能調節心情，搞不好還可以省錢，何樂而不爲呢？

作業

1. 請從今天開始，有意識地增加附屬運動量。
2. 請在接下來的一週裡，從最簡單的附屬運動做起，比如下次下班回家提早一站下車，走樓梯而不是坐電梯。

玩的就是心跳

你可能會說：「我還不至於那麼懶，也有時間去做運動，還是想學到一些計畫運動方面的技巧。」我給你提供兩個方案：一個是低量高強度運動，適合意志力比較強、體能比較棒，同時閒置時間不多的朋友；另一個是社交性運動，適合自控力相對較弱，做事情容易受干擾，同時社交活動多的朋友。前者會教你怎樣去運動，用最少的時間達到最大的效果；後者會教你怎麼增加運動中的樂趣，這樣更容易養成長期運動的習慣。如果能把這兩種運動和上節講到的附屬運動結合起來，減肥效果就更棒了。

這些方法同樣遵循相對滿意原則，也就是最容易上手，而且容易持續下去，但不是最優原則。很多運動聽起來效果很好，但其實很難做到。

提到運動減肥，大家肯定馬上想到比較累的項目，比如跑步、游泳等。這些運動一般是中高強度的運動、並且單次活動量很大。我們常有的一個誤區，就是認爲每一次運動，運動量越大越好。但是在完成高量高強度的運動後，我們一般會很累，可能身上到處痠痛，接下來幾天都不會去運動。又或者會餓得厲害，胃口大增，大吃一頓，反而得不償失，陷入溜溜球式的減肥惡性循環。

這裡有一個新的運動方式——低量高強度運動。低量指的是單次運動量比較低，高強度則是指運動的強度比較高。一個最重要的原則，就是在很短的時間內，比如一次幾分鐘，我們要去竭盡全力地做運動，心跳得越快、氣喘得越大就越好，這樣可以讓心肺功能達到極限狀態。

爲什麼要這麼安排呢？第一，這種方式非常簡單，要求的條件非常低。你不需要外出，不需要去健身房，甚至不用換衣服，打開手機，找到一組自己想做的影片，馬上就可以上手，也不需要專業人士的指導。第二，時間短，可操作性強。這些運動不像高量高強度的運動，不需要提前計畫，5～10分鐘就夠了，要是眞來不及，3～5分鐘也行。第三，效果好。因爲高強度的緣故，無論是對減脂、提高心肺功能，還是加速新陳代謝，都非常有效。第四，因爲運動持續時間很短，一般不會造成飢餓感，所以運動之後去大吃一頓的風險也就小了很多。

來自加拿大麥克馬斯特大學的人體工程學系，在這方面的研究上久負盛名。他們讓實驗對象做低量高強度運動，兩週只做了6次，加起來才15分鐘。結果卻發現，這些人肌肉的耗氧量增加了15%～35%，而且體內糖原（肝糖）和脂肪的新陳代謝速度明顯提高。他們還發現，僅僅兩週的低量高強度運動，就可以明顯提高胖人們胰島素的敏感性，從而改善糖尿病症狀，甚至減少得心臟病的風險。（Gibala & McGee, 2008; Gibala, Little, MacDonald & Hawley,

2012）你可能會有些吃驚，是的，這些研究成果是最新的、革命性的。醫學界一直推崇要花很多時間去做有一定強度的運動，比如說每週至少3小時以上的跑步或者騎單車，但其實簡單易行的低量高強度運動，就足以達到同樣的效果。

所以單次的運動量並不是最重要的因素，相反，運動的強度可能更重要。特別是我們在生活中擠不出時間來運動的情況下，大家可以考慮縮短運動時間，但是加大運動強度。至於運動頻次，一般來說一週3～5次就可以（當然要是可以一天1次就更好啦），每次5～10分鐘。對身體，特別是新陳代謝來說，低量高強度的運動可以取得非常棒的效果。之前提到過，我們每天65％左右的能量用在了新陳代謝上，請試想一下，如果透過低量高強度的運動可以讓你肌肉耗氧量增加30％（就像我們前文提到的研究結果那樣），也就意味著當我們在工作、休息、娛樂的時候，都在更有效地消耗熱量，從而達到減肥的目標。對平時懶得運動、沒有時間鍛鍊身體的你來說，還有什麼理由不去嘗試一下呢？

具體有哪些運動方式呢？一般都是利用身體自身的重量，在室內室外都能做。比如一些徒手運動，像原地的跑、跳、起、坐、蹲等；或者採用簡單器械進行的運動，像跳繩、啞鈴、健身車、爬樓梯等。要記住那個最重要的原則，在短時間內盡力去做運動，心跳得越快，氣喘得越劇烈就越好。其實網上有很多影片，你可以照著做，一般一次都是5～10分鐘，做完一個影片就足夠了。我推薦你搜索「高強度間歇性訓練」，英文叫做HIT（high-intensity interval training），各種影片網站上都可以搜尋到，根本不用花錢去學。當然，我們只是想借助這種方法來增加運動量。健身和減肥是兩個不同的話題，如果你想健身，把動作做得專業，那我會建議你去找專業的健身教練學習。

還有一個方法可以幫你提醒自己去養成這樣的習慣。這個方法的理論依據是操作制約原理：如果我們能在做出某個行爲後得到一個好的結果，那麼我們就會更願意繼續這樣做。我們想要強化的行爲是低量高強度運動，那我們就要問自己：可以用什麼來獎賞或者犒勞自己，能讓自己有動力去完成一週3～5次的低量高強度運動呢？很簡單，就是你喜歡做的事。打個比方，到了晚上，可能我們很想看某部電視劇，或者打某個遊戲，那麼就可以給自己定個規定：看電視、打遊戲是可以

圓子，加油！快，你追的劇還有2分鐘就更新啦，做完這2分鐘就可以看了。
什麼？2分鐘？不行不行，我必須做夠5分鐘再看。

的，但是必須先完成一組5～10分鐘的高強度間歇性訓練。因爲大多數訓練都可以在網上找到影片，我們甚至可以給自己定一個規矩：先跟著影片做一組高強度運動，然後才可以接著追劇。

作業

1. 在接下來的一週裡，請你騰出時間，挑出3～5天，每天進行5～10分鐘的低量高強度運動。
2. 可以考慮把低量高強度運動整合到自己的生活習慣之中，比如在看電視／打遊戲之前，先做上5～10分鐘的一組高強度間歇性訓練。

順便減了個肥

沒辦法堅持鍛鍊身體，除了沒時間、太累這樣的理由之外，還有一個很重要的理由，就是覺得運動太枯燥了，沒意思。

爲什麼我們會覺得運動無趣枯燥呢？其實這不一定是運動本身的問題，更取決於我們在做選擇時，除了運動之外還有什麼選項。如果其他選項比運動更有趣，那我們自然不想運動啊。請你想像一下：假設你今天上班忙了一天，傍晚6點多才回到家，之後還要自己煮飯、清潔、洗澡，搞完這一切，能靜下來的時候都已經8點多了，這時候的你是願意下樓出去快步走一個小時呢，還是想往床上一躺，看個電影或者打打遊戲、玩玩手機呢？當我們面對身體疲勞和各種誘惑時，很容易被自己的懶惰征服，把運動放到一邊，可能還會安慰自己：沒關係，就休息一個晚上，明天再運動也不遲。

其實這不只是運動才有的問題，長期來說對我們有益的活動，一般在短期內都是枯燥無趣的。比如說學習，很多人想在工作之餘去學習一些新技能或者考個證書，但是這樣的學習要投入很多時間和精力，跟打遊戲、看手機相比，學習眞的是最枯燥不過的事了。於是，雖然我們知道學習可以帶來更多機會和成長，但是在做選擇的那一剎那間，我們常常失去自制力，被眼前的一時快樂吸引，而忘了自己長遠的計畫。

放棄長遠的目標，選擇短期的滿足，這其實是人類與生俱來的一個弱點。選擇當下就做那些更好玩的事，我們就能立刻感到開心。每一次都選擇長遠的目標，卻不能立刻感受到有什麼明顯的好處。這樣一來，我們自然容易懈怠。去運動還是去看電影呢？反正運動一次又不會立刻瘦下來，少鍛鍊一次好像也沒多大影響，多鍛鍊一次好像也看不到多大效果，但是如果錯過了電影，可能就很難再看到。我們的運動計畫就這樣一再讓步給別的事情。

但並不是每個人都會把短期的滿足放在長遠的目標之前，心理學上有一個非常有名的棉花糖實驗，你應該也聽說過。來自史丹佛大學的心理學家們邀請了600多位4～6歲的孩子來到他們的實驗室。在實驗開始的時候，他們給孩子們每人一個棉花糖，並且告訴孩子們，如果他們可以在15分鐘內忍著不吃的話，就可以再發給他們一個棉花糖作爲獎勵。結果很容易想像得到，大多數孩子都忍不住，研究者剛轉身走出去，他們馬上就把手裡的棉花糖吃掉了。但是仍然有些孩子堅持了下來，控制住了自己的慾望。研究者發現在20～30年後，那些可以抵抗眼前誘惑的孩子，比那些沒能控制住自己的孩子，在各個方面都更成功，甚至連體重都是更健康的。

這些孩子是怎麼自控的呢？難道自控能力是天生的？心理學家們發現，其實這些孩子並不是坐在棉花糖前乾等著，他們之所以能控制住自己的慾望，是因爲他們採取了各種技巧去幫助自己抵抗誘惑。比如說，有的孩子乾脆把自己的眼睛蒙了起來，而有的孩子假裝棉花糖是個小動物，和它玩了15分鐘。這說明，自控力是可以後天習得的。當面對太多誘惑，覺得運動枯燥無趣時，我們需要做的是向這些孩子學習，找到一些小技巧，讓運動變得更有吸引力。

第一個方法，是把運動和社交聯繫起來。運動可以分爲兩個大類：一類是獨自一人進行的運動，比如長跑、游泳、健身等；另一類是社交性的運動，需要多人協作，比如球類運動——籃球、足球、羽毛球，甚至包括散步、戶外登山、攀岩等，它們本身就是一種社交活動。

社交性的運動有兩個好處。首先，因爲要和別人約好時間、地點，所以我們就更難臨時放棄。比如說，我和幾個好朋友約好了每週打兩次羽毛球，打球要提前約好場地和時間，就算到時候自己感覺犯懶，不想去，但是想一想臨時取消約定對朋友也太不夠意思了，最後也就去了。其次，因爲打球是社交性的活動，這個過程中是有娛樂性的，大家一邊打球，一邊說笑，不僅不感覺累，搞不好運動完了還覺得不盡興，期待著下一次再聚。如果我們經常進行社交性的運動，重複下來，我們的大腦就會把運動這個本身可能比較無趣的活動，和社交這個相對來說更有趣的活動相互關聯起來。這樣的話，我們會不知不覺中形成定期鍛鍊的習慣，在鍛鍊過

圓子，我們不是約好了跟小黑一起打羽毛球嗎？
你怎麼還不趕快換衣服準備出門？
哎呀，我好睏啊。不想去了。

不行，臨時爽約也太不夠意思了吧，
趕快去換衣服。
好吧。

程中，還可以認識新朋友，或者跟老朋友交流，一舉兩得。這樣的運動模式，就很容易長期堅持下去。

第二個方法，是把運動和積極的感官刺激聯繫起來。也就是說，在運動的時候讓自己有更多愉悅的感官體驗。這個辦法更適合獨自一人進行的運動。比如說，如果你覺得快走或者跑步很枯燥的話，可以在運動時聽喜歡的音樂，或者下載一些有聲書。如果你使用跑步機，還可以下載一些愛看的節目。因爲聽音樂和看節目是讓你感覺很快樂的事，這樣重複幾次以後，這種快樂的感覺就會延伸到跑步上來。在這方面我們可以充分發揮自己的創造力，有太多的方法可以用。

如果你討厭一成不變，喜歡新鮮的事物，可以每次出去跑步都選一條不一樣的路線，這樣可能跑一次下來，你就會多一些新發現，好奇心會驅使你期待下一次跑步。如果你想放鬆，可以選擇一個景色好、親近自然的地方去鍛鍊，讓自己在鍛鍊的過程中也能享受美景。如果你潛意識裡覺得運動有點浪費時間，但是爲了健康或者變瘦又不得不運動，也可以嘗試運動時做正念的練習，動到身體哪個部位，就去專注地感受那個部位有什麼感覺，試著跟它說話，體會那種肌肉的變化，體會那種活在當下、向自己表達愛意的感受。我相信你一定能摸索出一些適合自己的方法。如果你可以很好地運用這些方法，你就會逐漸發現，自己慢慢地越來越享受運動，不是爲了減肥而運動，而是在運動的同時順便減肥。

作業

1. 在接下來的一週內，請嘗試著多參加、組織社交性的運動，也可以在運動時增加感官刺激，讓自己在運動時更愉悅。

2. 請充分利用運動紀錄，提前規劃社交性的運動和感官上更加愉悅的運動。

好記性不如爛筆頭

理論上來說，附屬運動和低量高強度運動對我們的減肥是非常有效的，但是理論轉化爲實踐，往往不是那麼簡單。怎麼保證我們會切實做到這兩種運動呢？在這一節中，我們會介紹一個新的工具，叫做運動紀錄。你可能會想：咦，這聽起來怎麼和第三章的飲食紀錄很像呢？沒錯，講到底這兩者是同樣的原理。

在第三章中，我們介紹了很多健康飲食的原則，比如「112」法則、4小時極限法則、正念飲食、識別環境信號等。不誇張地說，如果你可以每天做到「112」法則和4小時極限法則，那麼你就已經成功地做到了健康飲食。但問題是，絕大多數人在自己的生活中並沒有這樣的習慣，培養出一個新的習慣大概是天底下最難的事情了。要養成一個新的習慣來取代舊的習慣，你需要不斷地練習，以及在不同場景、不同狀態下採取一致的行爲，所以飲食紀錄這樣的工具是最有效的。大量的心理學研究也證明，如果想改變某種行爲，那麼第一步也是最重要的一步，是對該目標行爲進行記錄和監測，一來是讓我們時刻意識到在該行爲上的目標，二來可以建立起一個問責機制，讓自己沒辦法去逃避責任。拿吃藥打個比方，如果自己在過去沒有定時吃藥的需求，突然因爲身體的原因，醫生要求我們定時吃藥，一天三次，這樣的新習慣要建立起來是不容易的。你也可能在醫院看到過，護理師會用書面紀錄的方式，確保藥物按時服用，這個方法我們自己也可以使用。當我們走上正軌，紀錄上也會反映出來，這樣的正面回饋會更加強化我們習得的新行爲。

運動也是一樣，就像我們在第四章開頭時說的那樣，有兩種運動方式，一個是計畫運動，一個是附屬運動。從我的臨床經驗來說，附屬運動更容易上手，更有可能長久地堅持下去，所以我強烈推薦附屬運動，低量高強度也是一個很不錯的選擇。那怎麼把附屬運動和低量高強度運動整合到我們每天的生活中去呢？答案很簡單，在飲食紀錄的基礎之上，我們要開始運動紀錄。

關於運動紀錄，我們有兩個選擇：第一是單獨的運動紀錄，格式和飲食紀錄差不多，需要我們每天記錄，同時

圓子，這麼認真，
在寫什麼呢？
看到了嗎，這個叫做「運動紀錄表」，
用來督促我運動的。

提前對第二天的運動進行規劃；第二是把飲食紀錄和運動紀錄整合起來，也就是加強版的飲食紀錄。到底哪一個更適合你，我的意見是這樣的：如果你飲食紀錄已經用得很順手，並且很喜歡飲食紀錄，那麼可以晉級到加強版的飲食紀錄；但是如果你飲食紀錄用的時間不長，還不是很熟練，同時感覺自己的運動需要好好計畫，那就不要偷懶，同時做好飲食紀錄和單獨的運動紀錄，等兩者都上手之後，再過渡到整合的加強版飲食紀錄。

關於單獨的運動紀錄，請你和我一起來做一個練習：如果你上班或者上學，有一個比較穩定的日程表的話，那麼你的運動計畫最有可能分爲兩個範本，一個是工作日，一個是週末。我們以工作日爲例，來解釋一下如何運用運動紀錄。早晨去上班，假設你需要坐公車或者地鐵，那麼可不可以走一站路再坐車，然後早下一站走到上班的地方呢？又或者你家離工作的地方不遠，可以走路過去，不僅可以鍛鍊身體，還可以更好地控制到達的時間（不存在堵車或者錯過交通工具的問題）。那麼你可以在表格裡寫下：時間——8點鐘，地點——上班路上，運動內容——附屬運動，運動量——2公里步行。工作了2個小時之後，你可不可以起來走一走？你可能正好需要去其他部門找同事，與其用電梯，可不可以走樓梯呢？你可以在表格上寫下：時間——10點鐘，地點——公司，運動內容——附屬運動，運動量——5層樓。到了中午，與其叫外賣，可不可以自己和同事一起走路過去呢？上下樓可不可以用樓梯？你可以記錄下：時間——12點鐘，地點——公司，運動內容——附屬運動，運動量——10層樓加2公里步行。到了晚上下班，你可不可以步行去超市購買食材，然後回家自己煮飯呢？晚上你可不可以在打電話的時候，去樓下散散步呢？這些都可以在運動紀錄裡寫下來。

在剛開始的時候，特別是還沒有養成附屬運動的習慣的時候，就更要利用運動紀錄，提前一天做好第二天運動的計畫。你的通勤路上怎樣可以最大限度地增加附屬運動？你上班的場所有沒有附屬運動的機會？你回到家後有沒有閒雜的事情需要去做，從而積累更多的附屬運動？又或者我們計畫好了一週做三次的低量高強度運動，那麼明天準備什麼時候做，是一早起來做，還是晚上到家了再做？如果是一早起來做，你是不是要提早起床，設好鬧鐘？這些都要在運動紀錄表上詳細地寫下來，寫得越詳細，就越有可能成爲現實。

如果你規劃好了去做某種運動（不論是附屬運動還是計畫運動），但是最後沒有做到，那麼請你一定要用心去塡寫表單上的最後一欄，也就是去分析爲什麼自己沒有按計劃去運動，又如何解決問題，預防同樣情況再次發生。打個比方，你可能本來準備晚上吃完飯後出去散步，但是忙著忙著就忘了，那能不能在手機上設置一個鬧鐘呢？再打個比方，你可能本來想走樓梯而不是坐電梯，但是穿了高跟鞋，可不可以提醒自己上班的時候儘量穿平底鞋或者褲裝，這樣更容易進行隨時隨地的運動呢？

加強版的飲食紀錄和之前我們一直在用的飲食紀錄沒有很大的不同，差別有三：第一，簡化了暴飲暴食這一欄，如果有暴飲暴食，可以直接在表格裡對暴飲暴食進行分析；第二，加入了運動方式這一欄，只要選擇是附屬運動還是計畫運動就行；第三，加入了運動量這一欄，可以直接用數字來表示，比如多少分鐘的瑜伽、多少距離的散步或跑步、多長時間的打球等等。當我們把飲食和運動結合到一張表裡時，請儘量把運動穿插到飲食之中，打個比方，吃完早飯，在早晨的零食之前，應該找到機會做些運動，在紀錄表上寫下來。同樣，吃完晚飯，在上床之前，也應該找機會做些運動，不讓紀錄表空著。最理想的狀況，是可以在4小時的空當內（如果我們遵守4小時極限法則的話），可以做到至少一項附屬或計畫運動。如果可以一週做3次的計畫運動或者低量高強度運動，就更完美了。

作業

1. 請審視一下自己飲食紀錄的使用程度，如果用得很順手，可以考慮直接用加強版的飲食紀錄；但如果用得還不是很熟練，請先採用單獨的運動紀錄，再慢慢過渡到加強版的飲食紀錄。

2. 在接下來的一週裡，請開始採用運動紀錄，對自己的附屬運動和計畫運動進行記錄和規劃，同時也請繼續使用飲食紀錄。

運動紀錄表

日期：__________

運動計畫（提前完成）______________________________

時間： 什麼時候？	
地點： 在哪裡？	
運動內容： 附屬運動還是計畫運動？ 單人運動還是社交運動？	
運動量： 運動了多久？ 走了多少步？	
解決問題： 如果沒有按計劃運動，是怎樣的原因？ 如何在未來不重蹈覆轍？	

加強版飲食紀錄表

日期：__________
飲食和運動計畫（提前完成）________________________

時間： 什麼時候？	
地點： 在哪裡？	
食物攝取內容： 你吃了／喝了什麼？	
暴飲暴食： 怎樣的事件、環境、情緒 導致了暴飲暴食？	
運動方式： 附屬／計畫運動？	
運動量： 請用數字表示	

先定一個小目標

截至目前，我們在第四章介紹了四種運動方法：計畫運動、附屬運動、低量高強度運動和社交性運動。

這些方法都很好，但是要眞正落實到行動上，常常會遇到同一個敵人，那就是拖延。

在生活中，我們常常把拖延當作懶。我猜想當你不能堅持去運動的時候，可能也會有人說你懶，這個聲音甚至可能來自你自己。從心理學的角度來說，其實我很不同意用「懶」形容一個人。第一是因爲我不相信懶可以完全解釋一個人爲什麼不去運動，不去養成健康的生活習慣；第二是懶這個詞很容易讓人感到內疚和羞恥，結果自然更沒有動力去改變，於是我們就眞的永遠懶下去了。

在生活中我們會發現，當大家用「懶」這個詞去形容一個人的時候，其實常常帶著一棒子打死的意思在裡面。比如我們說張三很懶，其實我們也就全盤否定了張三，好像不管他去做什麼都是懶惰的、不願意吃苦的，但現實往往並不是這樣。就拿運動來說吧：可能你不想去運動，對鍛鍊身體有惰性，但是你對工作並不懶啊，對身邊的朋友也不懶啊，對自己的業餘愛好同樣不懶啊。再說回來，我相信大多數人一定有去做運動的動機，不然怎麼會看這本書呢？如果當眞是懶，爲什麼還想嘗試減肥呢？這裡我們面對的難題，不是所謂的懶惰，而是習慣性的拖延。請注意，拖延和懶是完全不同的兩個概念喔。

那我們爲什麼會拖延呢？我們在日常生活中常用到的解釋是：這個人拖延，是因爲他對自己的要求太低，不求上進，對手頭的事情不上心。但眞正拖延的人往往不是這樣的，他們之所以拖延，反而是因爲對自己的要求太高，擔心達不到自己的期望值。他們並不想去拖延，而是因爲焦慮、內疚，最後不得不去拖延。

在臨床心理學上，嚴重的拖延是很常見的，你猜猜什麼樣的人最容易拖延？答案可能會出乎你的意料：拖延最常發生在完美主義者身上。他們追求完美，飲食也好，運動也罷，都會給自己制訂完美的計畫、完美的目標，但不幸的是，生活往往不是完美的，當現實和理想不一致時，他們會特別內疚、焦慮、自責，於是就會選擇拖延。他們會這麼想：與其得到一個不完美的結果，我寧願不去開始。這樣就算結果很差，我也知道這不是我的能力問題，而是因爲我沒有去行動。

打個比方，你可能最近一段時間沒怎麼運動，今天你給自己制訂了一個計畫，準備去跑個5公里。那問題就來了，一個人從沒有運動一下子跳到跑5公里是不是太快了，這個目標是不

圓子，已經下午了，
你今天還沒有運動過喔。
不想動。

你說你怎麼這麼懶呢？
對啊，我就是懶，所以才不想運動。

是太高了？對飲食來說也一樣，你最近一個月因爲工作壓力大，吃了很多垃圾食品，然後你突然決定從今天起戒掉一切零食，過午不食，這個轉變是不是太快了？你給自己的標準是不是脫離了現實呢？所以，要減少拖延，第一步要做的就是認識到，我們可能對自己的要求太高了，太過完美的標準可能直接導致我們完全不去執行。

生活中的你是一位完美主義者嗎？在你的減肥路上，你是不是也經常在追求完美呢？可能你想實現完美的飲食、完美的運動、完美的體重、完美的身材。當你對自己提出很高的要求，但完成不了時，你會特別氣餒和沮喪嗎？如果你的答案是肯定的，請試一下3分鐘原則，來幫助你挑戰自己的拖延。

3分鐘原則其實很簡單，你只要告訴自己：我現在需要做的就是去運動3分鐘，就3分鐘，一秒都不多，等到3分鐘做完的時候，我再來決定是不是要繼續運動。等到3分鐘完成，你可以給自己再設個3分鐘的目標，再運動3分鐘，就這樣循序漸進。一般來說，當你眞的完成了3分鐘的運動後，你會發現其實運動沒有自己想的那麼難，很可能就這樣繼續運動下去了。奧祕在於這裡：可能我們一開始的目標是1個小時，標準太高，讓我們太焦慮，但是一旦告訴自己就運動3分鐘，這個目標就太容易實現了，我們就沒那麼焦慮了，去拖延的慾望也小了很多。

當然，如果你最後眞完成了理想的目標，固然更好，但是如果你只完成了一部分，也不要沮喪，即使是5分鐘或10分鐘的運動，比起不運動，也是一大進步。只要做了，總比沒做要好，至少你是在前進，不是嗎？你可以當成做個試驗，如果3分鐘之後不想繼續，完全沒有問題，不用給自己任何壓力；如果3分鐘到了，你覺得還不錯，那完全可以繼續下去。不只是運動，對於其他的拖延行爲，你都可以考慮用到這個3分鐘原則。

下面我們來做個小練習。如果我現在請你停止手頭的事，馬上去一次做120個仰臥起坐，你的焦慮程度會有多高？你覺得自己完成的可能性又有多少？你可以先記下自己的答案。現在我讓你重新想像一下，如果我現在讓你去做15個仰臥起坐，就15個，然後休息一會之後，我們再去做14個，然後13個，依次往下推，最後只做1個仰臥起坐。你還像剛才一樣焦慮嗎？你覺得可以完成嗎？其實在這兩種情況下，運動量是一樣的，但是把一個大目標化成小步驟，我們就會更有信心去開始行動。

作業

1. 請首先回顧自己的運動紀錄，進行自我審視：對於運動，我們是否經常有拖延行為呢？什麼樣的情境下自己更容易拖延？

2. 在接下來的一週裡，請充分利用3分鐘原則，去挑戰自己的惰性。允許自己降低標準，先動起來，這樣讓我們離成功更近。

追劇還是跑步？

講到底，運動並不如飲食那麼複雜。飲食方面需要學習專業知識，掃除盲區，才能取得減肥上的成功。而運動沒有那麼多的知識可以介紹，講來講去，也就是兩種運動：附屬運動和計畫運動。運動最大的敵人就是動機的缺乏，一剎那的拖延和惰性會導致運動計畫全部泡湯。直接了當地說，就是想法付諸不到實踐，最後頭腦做了運動，身體卻沒有。只知道3分鐘原則是遠遠不夠的，還有一個心理學技巧，叫做「分析利弊」。

「分析利弊」其實我們都用到過，特別是那些生活中特別讓人糾結的選擇。比如說，你今天感覺有點兒累，正好一直追的電視劇今天有更新。本來你計畫好今晚要出去跑步的，但是躺下來就感覺起不來了，正好手邊有手機，馬上看起電視劇，搞不好還去搞點兒宵夜來吃。又比如，今天是週末，朋友約你出去玩，但是下週有考試，理性告訴你應該在家復習，但是惰性卻想要出門去玩耍，最後你禁不起誘惑，向惰性投降。在這樣的兩個例子中，本質的問題都是一致的，也就是我們遭遇了「短期的衝動」和「長期的規劃」之間的鬥爭，儘管「長期的利」大於「短期的利」，但不幸的是，人類是短期思維的動物。大量的心理學和經濟學研究證明，人類總是會選擇短期利益，而忽略長期利益，這樣的一種認知偏見是我們增加運動量的過程中最大的一個攔路障礙。我們需要做的，是要去啓動我們的理性頭腦，不立即服從這樣的認知偏見，而是理性地去分析不同選項的後果，從而做出可以最大化我們利益的決定。

分析利弊的第一步是完成下面表格。請按照順時針的方向來填寫這個工作表，從「按照衝動行事」的「利」開始，向右再向下，最後以「按照衝動行事」的「弊」結束。

可能你會問，分析利弊有這麼麻煩嗎？這個「按照衝動行事」和「不按衝動行事」不是重複嗎？

第一，分析利弊是有技巧的，利用工作表寫下來，這樣的過程本身就讓我們和衝動拉開距離，更有可能「召喚」來理性頭腦；第二，分析利弊需要看到選擇的多樣性，很多時候「按照衝動行事」和「不按衝動行事」並不完全是相對立的黑白面。比如我們現在下班，既可以走路回家，也可以坐車回家。我們的衝動自然是偷懶，想坐車回家，那麼我們的分析利弊大概是這樣的：

	按照衝動行事	不按衝動行事
利		
弊		

可以看到，「按照衝動行事」的「利」和「不按衝動行事」的「弊」，不完全重疊。當我們分開來寫利弊分析時，反而會得到更多的資訊。

當完成了利弊分析之後，就要進入第二步，也就是把所有列舉出來的「利」和「弊」做上標記，這些「利」和「弊」到底是長期的呢，還是短期的？還是用上面這個例子，我們標注完應該是這樣的：

做完標注之後，我們來仔細分析一下，你有沒有發現我們的標準其實有規律可循？「按照衝動行事」的「利」和「不按衝動行事」的「弊」一般都是短期的，而「不按衝動行事」的「利」和「按衝動行事」的「弊」則更多是長期的。對你來說，到底哪一個更重要呢？

對長期和短期標注（P180表格）之後，接下來進入第三步，需要我們運用頭腦風暴去解決或者至少改善「不按衝動行事」的「弊」，從而讓我們更容易採取理性的選擇。

	按照衝動行事（坐車回家）	不按衝動行事（走路回家）
利	1. 省時間 2. 坐車有冷氣、舒服	1. 增加運動量 2. 幫助減肥 3. 增加自信和成就感 4. 減壓、放鬆
弊	1. 自責、內疚 2. 錯失鍛鍊的機會 3. 繼續懶惰、放縱下去	1. 出汗 2. 累 3. 腳疼

N7
921
圓子，我們走回家吧。
別坐公車了。
我好累啊，
而且走回家太浪費時間了。

N7
921
時間重要還是減肥重要？
減肥重要。

來重點看一下上面這個例子，我們列舉出了三個「不按衝動行事」的「弊」：

①出汗。

②累。

③腳疼。

這裡的問題是我們有沒有辦法改善這些弊端，從而打破目前的「利弊平衡」，這樣就更沒有理由去拒絕理性選擇。

打個比方：

①出汗：上班的時候帶上一件吸汗性強、舒服的T恤，下班的時候可以換上，這樣走路回家會更舒服些。

②累：回到家洗個熱水澡，或者找另一半給自己按摩一下。

③腳疼：上班的時候帶上一雙舒服的平底鞋或者運動鞋，同時帶上一雙吸汗的棉襪，下班走路前可以換上。

可以看到，其實是有辦法讓我們更容易進行理性選擇的，如果我們做到了上述的改變（其實非常簡單），那麼到

	按照衝動行事（坐車回家）	不按衝動行事（走路回家）
利	1. 省時間（短期） 2. 坐車有冷氣、舒服（短期）	1. 增加運動量（短期） 2. 幫助減肥（長期） 3. 增加自信和成就感（長期） 4. 減壓、放鬆（短期）
弊	1. 自責、內疚（長期） 2. 錯失鍛鍊的機會（短期） 3. 繼續懶惰、放縱下去（長期）	1. 出汗（短期） 2. 累（短期） 3. 腳疼（短期）

了下班的時候，就很難向惰性低頭了。

完成了前面三步之後，需要完成最後一步，也就是把已經完成的利弊分析表整理好，隨身帶著。當遇到「拖延」或者「惰性」的場景的時候，把做好的利弊分析表拿出來，自己讀一遍以後，再做出選擇。

這裡有兩個執行的方式：一是如果自己計畫好要運動，但是因爲「惰性」突然臨時打退堂鼓，在這樣的情況下，我們現場來做利弊分析，最好可以拿出筆和紙，完成上面三個步驟，然後根據分析結果來做出理性、長期的選擇；二是可以根據自己經常遇到的場景（比如說想要走樓梯而不是用電梯，但是每次都會「懶惰」而用電梯），在場景之外提前做好利弊分析（比如說在家裡塡好表格），然後用手機把表格內容拍下來，下次遇到走樓梯的場景時，可以當場看一看表格，然後再根據利弊分析的結論做出選擇。

作業

1. 請首先回顧自己的運動紀錄，進行自我審視：對於運動，是否經常做出短期更容易、但是長期更不健康的選擇？什麼樣的情境下自己會更屈服於「短期的衝動」？

2. 在接下來的一週裡，當你察覺到自己出現惰性的時候，請充分利用這堂課所教授的利弊分析，透過四個簡單步驟，把握住每一個增加運動量的機會。

重壓之下，必有胖子

有的朋友可能會抱怨：我眞的很有動力去減肥，你說的這些知識我都聽得懂，但我的壓力太大了，狀態一直不好，所以直到今天仍然在原地踏步，我該怎麼辦呀？確實，我們常常背負著很重的壓力，工作上的、學習上的，或者人際關係上的。我們該怎麼處理生活中的壓力，從而可以從容地去減肥呢？

我們常常會說壓力肥，在壓力大的時候，人好像就是更容易變胖。眞的是這樣嗎？是的，這不只是你的幻覺。來自中國醫學科學院和加拿大渥太華大學的研究團隊訪問了11萬人，測量了他們的壓力程度和體重、身高。結果發現，確實是壓力程度越高，體重就越高（Chen & Qian, 2012）。

爲什麼會這樣呢？你可能會想到情緒化進食。沒錯，全球各地的人們，都會因爲壓力大而在不知不覺中形成不健康的飲食習慣。來自美利堅大學的研究員對3000多名成年人做了資料分析，發現當壓力太高的時候，人們很容易暴飲暴食，結果導致體重和腰圍增加。（Cotter & Kelly, 2018）另一項日本的研究也發現，當員工工作壓力太大的時候，就很容易出現不健康的飲食，包括吃得太飽、太快、情緒化進食，進而導致變胖。（Nishitani, Sakakibara & Akiyama, 2009）看看我們自己，如果你認眞做了前面的自我覺察的功課，應該也發現了，我們很多時候會「化焦慮爲食慾」，在壓力下會吃更多容易發胖的東西。

除了這一點之外，壓力大的時候，身體也會高度緊張，處於能量耗竭的狀態，有時候我們明明感覺什麼都沒做但就是很累。這時候，我們又怎麼堅持鍛鍊呢？所以說，要想眞正瘦下來，一定要學會管理好自己的壓力。

那我們可以怎麼做呢？你需要用到漸進肌肉放鬆法。在這個練習中，第一步是和身體對話，覺察到我們體內的壓力；第二步是透過鬆弛肌肉來達到減壓的效果。

首先要確保你現在在一個很安靜、很安全的環境裡。

然後請你找到一個舒服的姿勢，站著、坐著、躺著都可以，雙臂自然放在身體兩側，雙腿自然伸直，同時保持身體挺拔。如果條件許可的話，可以把眼睛閉上。

接下來，請你把注意力集中在鼻尖上，去感覺空氣是怎麼從鼻孔進入身體的，然後怎麼從鼻孔離開身體。深吸一口氣，1、2、3、4、5，深呼一口氣，5、4、3、2、1。讓我們再深呼吸一次，吸氣，1、2、3、4、5，呼氣，5、4、3、2、1。

好的，現在請你把注意力從鼻尖轉移到雙手，深吸一口氣，你可以感覺到雙手的肌肉嗎？

它們是鬆弛的，還是緊張的？你能夠覺察到任何壓力嗎？接下來，請你雙手握拳，把拳頭握緊，握緊，再握緊，感受肌肉慢慢變得緊張，堅持住。好，現在請你把雙手打開，張開十指，放鬆，再放鬆，感受肌肉慢慢變得鬆弛，體會一下這種放鬆。你留意到雙手是怎麼從緊張變得放鬆的嗎？你能感覺到兩者之間的差別嗎？

接下來，請你把注意力從雙手轉移到頸部和肩膀，深吸一口氣，你可以感覺到頸部和肩膀的肌肉嗎？它們是鬆弛的，還是緊張的？你能感覺到任何壓力嗎？接下來，請你隆起你的肩膀，把頸部向下擠壓，讓頸部和肩膀收緊，收緊，再收緊，感受肌肉慢慢變得緊張，堅持住。現在請你把肩膀打開，頸部伸直，放鬆，再放鬆，感受肌肉慢慢變得鬆弛，體會一下這種放鬆。你留意到頸部和肩膀的肌肉是怎麼從緊張變成鬆弛的嗎？

接下來，請你把注意力從頸部和肩膀轉移到臉部，深

圓子，別再睡了，
趕快起來吃午餐了。
哎呀，不要打擾我。我在練
習「漸進肌肉放鬆法」呢，
剛進入狀態就被你打斷了。

吸一口氣，你可以感覺到臉部的肌肉嗎，比如說眼睛、臉頰、嘴巴？它們是鬆弛的，還是緊張的？你能夠察覺到任何壓力嗎？接下來，請你收緊臉部的肌肉，用力皺眉，收緊嘴巴，把臉頰向上擠壓，收緊，收緊，感受肌肉慢慢變得緊張，堅持住。現在請你把臉部打開，眼睛睜開，面頰下垂，嘴巴鬆開，放鬆，再放鬆，感受肌肉慢慢變得鬆弛。你留意到臉部的肌肉是怎麼從緊張變成鬆弛的嗎？

接下來，請你把注意力從臉部轉移到雙腿，深吸一口氣，你可以感覺到大腿和小腿的肌肉嗎，它們是鬆弛的還是緊張的？你能夠感覺到任何的壓力嗎？接下來，請你把小腿和大腿收緊，把雙腿用力擠壓，收緊，再收緊，感受肌肉慢慢變得緊張，堅持住。現在請你把小腿和大腿舒展開，雙腿自然打開，放鬆，再放鬆，感受肌肉慢慢變得鬆弛。你可以留意到腿部的肌肉是怎麼從緊張變成鬆弛的嗎？

接下來請你將注意力從腿部轉移到全身，深吸一口氣，你能夠感覺到任何的壓力嗎？接下來，請你收緊全身的肌肉，從頭到腳，身體縮成一團，收緊，再收緊，感受肌肉慢慢變得緊張，堅持住。現在請你將全身的肌肉展開，從頭到腳，放鬆，再放鬆，感受肌肉慢慢變得鬆弛。你可以留意到，身體怎麼從緊張變成鬆弛的嗎？

請把注意力轉移回鼻尖，我們再深呼吸一次，然後結束這個練習。深吸一口氣，1、2、

3、4、5；深呼一口氣，5、4、3、2、1。請帶著放鬆感，睜開你的眼睛。

不知道你在剛才的練習中，能感覺到自己身體中的壓力嗎？你的壓力在身體的哪個部位呢？你可以感覺到肌肉是怎麼鬆弛下來的嗎？現在的你是不是更加平靜放鬆呢？如果有時間的話，你可以嘗試用同樣的技巧，去拉緊再放鬆不同的身體部位，比如說雙腳、手臂、腰部、背部等。透過肌肉放鬆法，我們不僅可以降低身體的皮質醇水準，從而防止體重增加，還可以更有效地面對壓力，而不是在壓力來臨時暴飲暴食。

作業

1.請進行自我檢視：自己現在的生活、工作、學習中，面臨著怎樣的壓力？你的壓力大嗎？這些壓力是否讓你更難養成健康的生活習慣呢？

2.在接下來的一週裡，請你每天抽出15分鐘的時間，讓自己置身於一個安靜、安全的環境裡，去練習漸進肌肉放鬆法。

Chapter 5

心寬體不胖

如果我們能在減肥過程中更自信、

更快樂的話，就可以更有效、

更輕鬆地實行減肥計畫，

讓我們的減肥更成功。

魔鏡魔鏡，我是不是世界上最美的？

很多時候我們減肥失敗，都是敗給了身材焦慮。也就是不停地自我嫌棄，爲自己的胖而自卑，於是處處挑剔自己，悶悶不樂，結果減肥計畫常常擱淺。如果我們能在減肥過程中更自信、更快樂的話，就可以更有效、更輕鬆地實行減肥計畫，讓我們的減肥更成功。

另外，減肥自然重要，但是對大多數人來說，把體重減下來並不是最終目的。減肥很多時候只是個手段，而我們不過是希望借助減肥實現其他目標，比如說，你可能是想變得更自信，有更好的人際關係，可以更開心等。但是變瘦並不等於變美，不等於更自信、更開心、更順利。

減肥是一場持久戰，不管你用什麼方法，這一點都不會改變。在這個過程中，我們需要學會在面對挫敗的時候，不會洩氣，不會半途而廢。減肥不是一個線性的過程，短時期內出現波動是很正常的，所以怎麼去應對挫敗，關係你能不能取得最後的成功。如果你發現自己經常對減肥失去信心和希望，遇到挫敗就會一蹶不振，懊惱自責，甚至氣急敗壞，那麼就需要好好利用接下來的新方法了。

這個心理學技巧，叫做「全然接受這樣的我」（radical acceptance），來自辯證行爲療法（DBT）。它不僅可以幫你應對減肥中的挫敗，而且對生活中的挫敗也一樣有效。

挫敗＋接受自我＝挫敗

挫敗＋不接受自我＝失敗

什麼意思呢？挫敗，不論是因爲自己的原因，還是因爲受到環境的影響，在我們的生活中都是不可避免的。不論是減肥、親密關係，還是工作學習，短暫的挫折是一定會出現的。從某種程度上來說，挫敗是必要的，是挫敗讓我們成長，讓我們變得更有智慧。

雖然挫敗是不可避免的，但失敗是可以避免的。這裡的關鍵點，是當挫敗發生的時候，我們能不能接受自己遭遇挫敗的事實。不論是什麼原因導致了挫敗，只有我們先去接受現實，才有可能去改變現實。雖然接受挫敗會感覺很難過，但是如果不去接受，結果只會更糟。

什麼叫接受，什麼又叫不接受呢？比如你經過了好幾個月的努力，好不容易找到了適合自己的飲食和運動計畫，體重也在慢慢下降。在一切看起來很好的時候，因爲工作壓力突然加大，飲食被打亂，也沒能繼續堅持運動，體重咻咻地增加了好幾公斤，你心裡也特別鬱悶。這就是所謂的挫敗。

不接納挫敗，就是在心裡抱怨外界：眞是的，爲了工作我眞是犧牲太多了！我們領導眞是太不懂得關心員工了！或者就是責怪自己：眞是的，我這次怎麼又沒成功，我怎麼這麼沒用！而接納挫敗，就是很淸晰地明白：我已經盡最大努力了，過去幾個月裡我取得了一點兒成果，事實證明我的減肥方法是有效的。誰能預想到工作壓力會增加這麼多？不過這只是短暫的問題。既然到了這一步，去抱怨也沒用，要嘛等忙過這陣子再調整，要嘛可以從當下著手，看看有沒有什麼辦法可以減少自己的壓力，儘量做到「112」法則和4小時極限法則，然後找機會增加附屬運動。你看，不同的態度，你的情緒感受會相差很多，繼續堅持減肥的動力也相差很多。如果你不能接納，把怨氣、失望等各種負面情緒堆積在心裡，就會越積越多，挫敗就會慢慢變成眞的失敗，而你也離成功更遠了一步。

那麼怎麼做到全然地接受自我呢？其實很簡單，只要記著去做下面四個步驟就可以了。

第一步，當遇到挫敗的時候，首先要自省，去檢查自己有沒有在質疑或者拒絕接受現實。比如，你可能發現自己有這樣的想法：「事情不應該是這樣的」、「這樣不公平」、「我不應該這麼沒用」、「要是當時可以怎麼怎麼樣就好了」等。

第二步，要去提醒自己，前面講到的那兩個等式，挫敗加上接受自我還是挫敗，但是挫敗加上不接受自我就會等於失敗。挫敗是不可避免的，但失敗是可以拒絕的。問問自己：接受自我或者不接受自我，哪一個才是智慧的選擇？

第三步，你可以在清醒的狀態下，做出一個選擇：我是選擇接受自己確實出現了挫敗，還是選擇不接受自己、和現實做無謂的抗爭？如果選擇接受自己，那我就需要做到全然地接受，不論是自己喜歡的，還是不喜歡的，一概接受。不要再去追究到底是什麼原因導致了這次挫敗，也不要再去糾結自己當時可以做什麼去預防這次挫敗，更不要去焦慮這樣的挫敗在將來會不會再發生。在這一剎那，不論你在經歷著怎樣的負面情緒和想法，請你把它們打包起來，和它們說再見。你可以嘗試把這些負面的情緒寫下來，然後揉成紙團扔進垃圾桶裡。或者可以在頭腦裡想像一個大紙箱子，把所有消極的情緒和想法打包進這個箱子裡，用膠帶封裝好，然後扔到一個大倉庫裡去。又或者，可以在頭腦裡想像一葉小舟，把這些負面情緒和想法裝上去，讓它沿著河流慢慢漂向遠方，匯入大海。

第四步，當做到全然接受自己的時候，就要問問自己，當下的我應該怎樣去做才是最有效的，才可以讓現狀得到改善？請注意，這個時候，你是帶著新的希望來分析，而不是帶著愧疚、自責、悔恨來分析，這兩者差別很大。當你沒有做好第三步的時候，通常會這樣想：我知道這個方法沒問題，但是誰能保證以後不會出現類似的情況？我現在去努力又有什麼用呢？不如放棄好了。這又回到了那個惡性循環，開始糾結過去、擔心未來，卻遺忘了當下，然後感覺無助、氣惱。可是當你做好了第三步，坦然接受自己——是的，這次我確實沒做好，或者這次時機的確很差，不過沒關係——之後，你會把注意力集中在當下，會快速調整到最開始減肥時躍躍欲試的狀態，把之前的失望丟到一邊，帶著滿滿的信心開始新的行動。而且，你會成爲一個經驗豐富的老手，能更嫻熟地去總結教訓，思考以後遇到類似的情況可以怎麼應對。

減肥，我們想要的成果不是一個月瘦了15公斤，然後第二個月就反彈回來；而是一年、兩年之後，我們都可以不費力氣地保持好身材。所以長期保持信心和動力，才能取得最後的成功。

作業

1. 請進行自我檢視：面對挫敗時，你一般是怎樣去應對？你能不能接受遭遇挫敗的事實？如果不接受挫敗，會產生怎樣的結果？

2. 在接下來的一週，如果你遇到了任何減肥上的短暫挫敗，請使用「全然接受這樣的我」，用心去做那四個步驟。

3. 如果你遇到了生活中其他的短暫挫敗，也請使用「全然接受這樣的我」，從而消除不必要的內疚和自責，進而讓現狀得到改善。

胖子回擊指南

我們的減肥過程常常伴隨著各種來自他人的評價，不管對方是善意還是惡意，都常常會帶給我們壓力。比如一個減肥的女生貝貝，她說：身邊總有這樣幾個人笑話我胖，讓我很自卑，心裡很生氣，心想你瘦你了不起啊，我胖我又沒吃你家米。有時候他們會解釋說沒有嘲笑我的意思，是我太敏感了，可我還是感覺很受傷。

而且除了被人說胖，最讓我們受不了的，就是別人對自己的減肥也指指點點。貝貝說：「當我猶豫要不要再多吃一塊肉，或者拖延了一下沒立刻去運動的時候，家人就會冷嘲熱諷，說：『我就知道這次你也堅持不了。』本來我沒有多洩氣，可是他們的態度讓我想徹底放棄，感覺他們都不信我能瘦下來。還有些朋友會出於好心，對我的減肥方法指手畫腳，說這樣做不行，那樣做才對；又有人說那樣做沒效果，這樣做更好，讓我感覺心煩意亂。」

你有沒有類似的煩惱呢？

往更廣泛的方向來說，因爲胖，我們也常常在社交中變得退縮，很難開口去表達自己。比如說，很多人因爲感覺自己太胖，在別人面前沒有自信，不敢主動和人交流，不敢追求喜歡的異性，結果錯失了很多好機會，圈子越活越小，感覺很孤獨。

我個人的臨床經驗是這樣的：那些嫌自己胖的人，在人際交往中往往缺乏安全感，對別人的評價特別敏感，甚至被人欺負了也不敢出聲。在這樣一個非常重視顏值的社會，對自己的外表不滿意，會直接導致我們不自信。然後，因爲覺得自己不夠好，所以我們就會認爲，別人也會覺得自己不夠好。這樣一來，當別人對我們不夠友好的時候，比如說忽視了我們，或者不夠尊重我們，我們就覺得是理所應當的。

就拿貝貝來說，當別人無意識地開玩笑說：「你確定你這次減肥能堅持？」她心裡會有點兒生氣，好像她從來都說到做不到似的。但同時她會不好意思生氣，因爲她覺得別人說得也有道理，自己確實表現得不夠堅持。然後她感覺既生氣又慚愧，這種感覺又沒

圓子，幾天不見，我看你又胖了啊。
胖怎麼了？用你家沐浴乳了？

人可以去說，很孤獨。

還有的時候呢，明明別人沒說自己壞話，我們還是覺得他們好像不喜歡我們，或者看不起我們。於是，我們要嘛忍氣吞聲，越來越嫌棄自己：對啊，我就是好差勁；要嘛就是心裡非常叛逆，對著幹：我胖點兒怎麼了？你不讓我吃，我偏要吃，讓我去運動，我偏不。

我們應該去告訴他們，他們的做法很傷人，而且影響到了我們減肥的積極性，希望他們配合我們，不要總來打擊我們的信心。但常常就是不敢開口去說，覺得心裡沒底氣，或者嘗試過但沒用，反而對自己更失望，越來越不願意去溝通。

用心理學的術語來說，在這樣的時刻，我們需要更堅定、更有效地去表達自己。一般來說，有兩種情況會需要我們這樣做。第一種，是當我們需要向別人提出要求，告訴別人我們需要什麼的時候。比如我們希望他們可以給我們一些監督，或者給一些鼓勵、一些空間。第二種，是當我們需要向別人說不，告訴別人我們不想做什麼的時候。比如我們想告訴身邊的人，不要對我們的外表指指點點，不要嘲笑我們的減肥。

接下來我要介紹一個心理學技巧，來自辯證行為療法（DBT），叫做親愛的你（DEAR MAN）。很好記，DEAR MAN中的每個字母各代表一個英文單詞，一共七個單詞，也就是七個步驟，它可以說明你更堅定、有效地去表達自己，從而在減肥中更從容地處理來自別人的負面影響。

D代表的是describe，也就是描述。我們要做的第一步，就是很簡短、客觀地描述我們面對的情況。一般來說格式是這樣的：「當你說了或者做了什麼」，或者「當什麼發生了」。比如前面貝貝的例子，我們就可以說「當你當著我的面取笑我的身材的時候」。

E代表的是express，也就是表達。我們要很直接地告訴對方我們的感受。一般來說格式是「我感覺什麼」。繼續用上面的例子，我們可以說「我感覺自己沒有得到尊重」。

A代表的是assert，也就是要求。我們要簡潔明瞭地提出我們的要求。一般來說格式是「我希望什麼」。還是上面的例子，這裡我們可以說「我請求你不要總說我胖」。

R代表的是reinforce，也就是強化。用適當的方法讓對方更願意配合我們的要求。這裡的強化指的是強化他們的合作行爲。一般來說格式是這樣的：「如果你這麼做，我會很感激」，或者「結果會如何」。在上面這個例子裡，我們可以說「這樣會讓我們的關係變得更好」。

D、E、A、R合起來，可以指導我們怎麼去組織自己的語言，做到更堅定有效地表達自己。下面要介紹的MAN，M、A、N，更偏重於怎麼和對方溝通，讓我們更有可能實現目標。

M代表的是Mindful，也就是考慮，指的是在溝通時，我們要清楚自己的目標，講重點。比如身邊的人可能會說「你怎麼這麼敏感」、「我們經常說張三李四，人家也沒有意見啊」等，這個時候我們要把對話回歸到自己的要求上來。很多人會陷入爭論，解釋說「我不敏感」，或者「張三李四跟我不一樣」，然後不知不覺就講到別的問題上去了。

A代表的是appear confident，也就是要表現出自信。哪怕你沒有多少把握，在溝通的時候也要假裝很自信，抬頭挺胸，大聲說話，不要畏首畏尾。你肯定體會過，同樣的話，怯怯懦懦地講出來，跟理直氣壯地講出來，對聽到的人來說，感受是很不一樣的。只有你表現出足夠的堅定，對方才會真正重視你的要求。

N代表的是negotiate，也就是願意和對方協商。要你堅定可不是要你專制，不是要你擺出一副不容商量的態度，這樣即便對方認可你說的話，也會本能地反駁你。我們要表現出有堅定的底線，但是具體方法願意去協商，去找到雙方都可以接受的方案。在上面這個例子裡，我們可以說：「每個人對胖的定義不一樣，我覺得我們不用非要對方接受自己的標準。」

再舉一個例子，完整地示範一下怎麼用DEAR MAN來溝通。比如你的家人嚴格監督你減肥，讓你透不過氣來，還時常打擊你，那你就可以這樣說：

D描述：雖然我有時候會懈怠，但我已經很努力在減肥了，可是你卻嘲笑我缺乏行動力。

E表達：這樣我感覺很受挫，好像被全盤否定了，很傷害我減肥的動力。

A要求：我希望你能看到我爲減肥付出的努力，多鼓勵我，多給我一些理解和支持。

R強化：這樣我會更有動力去戰勝困難，更好地堅持下去，我們的關係也會更好。

然後要做到MAN，就是整個對話的重心都放在減肥這個話題上，不要扯到其他事情。同時我們要表現出很自信、堅定，並且願意和家人協商。比如我們可以說：「我知道你是關心我，但是該怎麼執行減肥計畫，我心裡有數，希望你不要過多干涉。」

作業

1. 請先進行自我檢視：在減肥過程中，你是否經常會遇到來自人際關係的苦惱呢，比如有人對自己的肥胖指指點點，或者因為胖，我們常常在社交中退縮，不去表達自己？

2. 在接下來的一週裡，當你遇到人際關係的苦惱，當你有訴求的時候，請充分利用DEAR MAN技巧，去更堅定、有效地表達自己。

心急吃不了熱豆腐

我們在第二章中說到過，符合實際，可長期堅持的減肥目標，是在6個月的時間內減去基線體重的10％左右，平均下來的話，我給大家的建議，是在每個禮拜減去不超過0．5公斤的體重，這些數字背後是有著大量科學研究和臨床實踐支持的。雖然大家在理性上可以理解，我們要遵循這個速度是因爲如此的減肥才可以持續下去，但是在感性上，可能大家會覺得這樣見效太慢，有的時候會很失望洩氣，恨不得可以在一個月內完成減肥目標。這樣一來，就很容易陷入一個心急吃不了熱豆腐的惡性循環。也就是說，因爲我們在減肥過程中太急於求成，要嘛用力過猛，採用太極端的減肥方式，結果進入溜溜球式減肥的惡性循環；要嘛就是對結果失望，對自己失去信心，在負面情緒的影響下慢慢放棄減肥。這兩種情況所導致的結果都是不理想的，會讓我們之前減肥的努力前功盡棄。

如果在減肥過程中太急於求成，應該怎麼辦呢？怎樣才能讓我們更有耐心、恆心，不僅可以按部就班地走好自己的減肥之路，同時在這樣的一個過程中，讓自己活得更加有意義呢？

我們一起來做一個小練習，請你找來三張白紙和一支鉛筆。在第一張紙上，我想要你回答這樣一個問題：每個人的時間和精力都是有限的（比如一天24小時，對我們都是一樣的），但是我們怎樣去分配自己的時間和精力卻是不同的。大家會把自己的時間和精力投入到不同的方面，而這些方面往往決定了我們如何去評價自己。比如說，有的人會把很多的時間和精力投入到外表上去，他們對減肥很用心，如果可以實現減肥目標，他們就會感覺自己更有價值。或者有的人會覺得工作很重要，把工作當作生活的重心，如果在事業上取得了成功，他們就會覺得自己活得有意義。這裡我希望你可以合上這本書，用幾分鐘的時間，在紙上列出你是怎樣分配自己的時間和精力的，並把這些不同的方面按重要程度排個順序。

接下來請在第二張白紙的正中間，畫出一個足夠大的圓。我們假設這個圓代表著你全部的時間和精力（也就是100%），接下來，把第一張紙上列出的各個生活方面，在這個圓上標注出來。從圓心出發，我們可以把圓分成不同大小的扇形，然後在各個扇形裡標注每一個方面的名稱。打個比方，比如你把自己30%的時間和精力投入在體重、身材之上，那麼你就從這個圓裡分隔出30%，然後標注上「體重身材」或者是「減肥」，以此類推。

接下來，仔細觀察一下你的圓餅圖。哪一個方面占的比重最大呢？你是不是把很多的時間和精力花在了自己的外表上面呢？我知道你很重視減肥，爲減肥付出了很多心血，所以我相信減肥應該是你的一個投入大項，甚至可能是最重要的項目。這樣分配自己的時間和精力本來無可厚非，但是我想客觀地幫你分析一下，如此「自我投資」其實有好幾個弊端：第一，把太多的時間和精力放在一個事項上面，本身就是一個高風險的選擇，這就好比把所有的雞蛋放在一個籃子裡，一旦遇上挫折，我們就會特別受打擊。第二，減肥這件事和其他事情不太一樣，是個相對緩慢、曲折的過程，當我們太注重減肥的時候，就容易對自己不滿，然後產生負面情緒。第三，當我們將減肥當作生活的重心時，會容易過分審查自己的身體，拿自己的身材和別人比較，也會回避自己的身體，從而造成負面的身體意象。不論是挫敗、負面情緒，還是負面的身體意象，都會讓我們的減肥之路變得更困難。

那我們應該怎麼辦呢？如何去分配自己的時間和精力才更有效，讓減肥更容易成功呢？希望你可以將自己的時間更多地分配給減肥之外的生活目標，特別是和自己的價值觀、人生觀、世界觀相一致的東西，比如做一個好兒子／女兒，

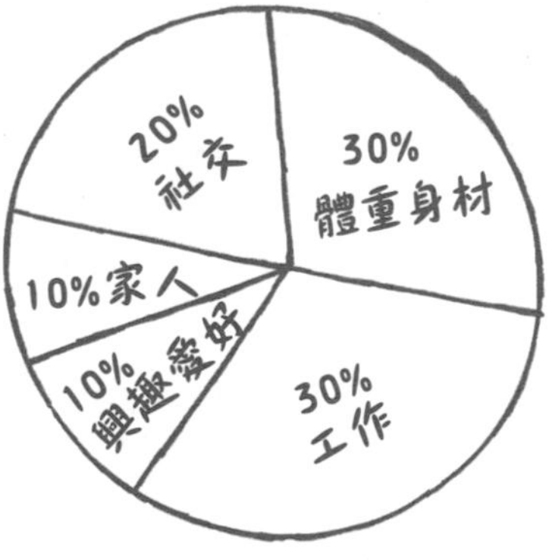

唉，兩個月了，才減掉0.5公斤，
我可能這輩子注定是個胖子了。
身材並不是是人生的全部啊，
你還有很多值得追求的東西。

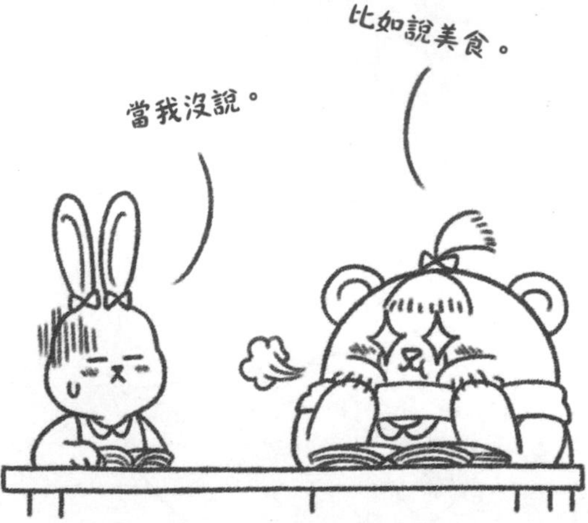
比如說美食。
當我沒說。

做一個好老公／老婆，做一個好員工，做一個好朋友，做一個好公民，幫助別人，對社會負責，等等。我把這樣的分配方式叫做「自我投資多元化」，其實和我們進行金融投資是一個道理，越多元的投資，風險就越低，回報相對也更穩定。那麼多元的「自我投資」對減肥有什麼好處呢？第一，因爲把一部分的時間和精力從減肥轉移到了其他事項上，我們就不容易對減肥急於求成，對減肥的過程也會更有耐心。第二，因爲我們對自己的其他方面進行了投資，有了投資就會有回報，比如說在事業上獲得了進步，感情生活上得到了回報，這樣會提升自己的積極情緒，進而讓減肥之路更加順利。

接下來，請拿出第三張白紙。首先，請在白紙的中間，再畫出一個足夠大的圓，這個圓仍然代表著你全部的時間和精力。然後重新分割這個圓，每一個扇形將代表一個方面。但是這一次，我想請你回答這樣一個問題：如果

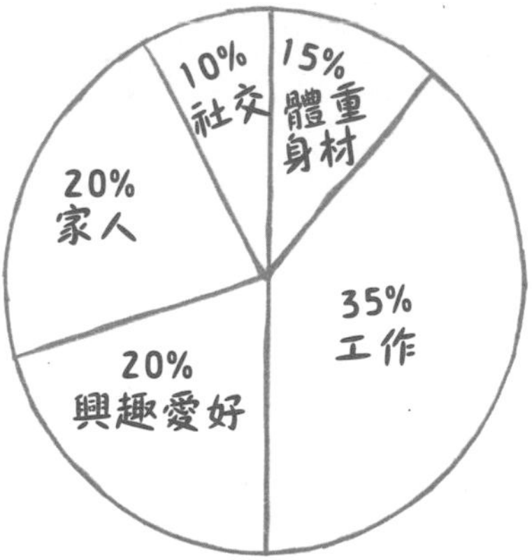

讓自己的智慧做主，你會如何分配自己的時間和精力？怎樣「投資」自己才是最聰明、最有長期效果？怎樣「投資」自己才會讓減肥之路更加順利？接下來請你完成這幅圓餅圖，如果你覺得有些困難，不妨問問身邊最關心自己的人，他們想讓你怎樣去「投資」自己呢？

現在把第二張圖和第三張圖擺放在一起比較一下，它們有怎樣的區別？減肥所占的比重是不是有一定的下降呢？在第三張圖上有沒有出現一些新的「投資領域」呢？可能以前你非常重視減肥的成果，現在你想分配一部分的時間和精力到家庭上面，那麼請想一想，接下來這週，你可以和家人做些什麼活動呢？請注意，並不是指你不再重視減肥，而是指我們要改變自己對減肥急於求成的壞習慣，對自我投資進行一些微調。

作業

1. 當你完成了本節中要求的自我價值的圓餅圖後，請自我檢視：你是不是把很多時間和精力花在了自己的外表上面呢？這樣的「自我投資」方式有怎樣的弊端？
2. 在接下來的一週裡，請嘗試多元化「自我投資」，將一些注意力從減肥轉移到其他事項上去，請選擇其中的一件事開始行動。

紮心了：瘦下來也不一定會變美

我猜測有些朋友是爲了健康而減肥，但更多人是爲了讓自己更美。那麼問題就來了，不管減肥結果如何，我們總是能在自己的外表上找到不足。而且很多時候，這些不足是沒辦法改變的。打個比方，你可能瘦了下來，但還是覺得自己的腿粗、腿短，除非你走極端，用手術把腿拉長，不然是沒辦法改變這個事實的。還有一個問題，就是越在乎自己的外表，就越容易發現缺陷，然後就越不滿意。比如你的「游泳圈」沒了，但是又會覺得手臂太粗；你的雙下巴不見了，但是又覺得脖子不夠長。一個極端的例子是有的人整容上癮，可能一開始只是整眼睛，然後覺得鼻子也可以整，最後發展到不斷去整容，沒有盡頭。

這個問題其實很現實。愛美之心人皆有之，但是如果你因爲愛美而讓自己活得壓抑，比如忍不住不斷照鏡子、量體重、試衣服、拍照片，或者逃避各種場合，只因爲不想在別人面前暴露身材，比如不去聚會、不去游泳、不去運動，那麼即使你變得比之前更美，你會發現你依然對自己不滿，依然沒辦法變得更開心。而不開心的時候，你的減肥很容易半途而廢。

那我們該怎麼辦呢？我想和大家來做一個小練習，請你先準備好紙筆。

接下來請你想像一下：假如這個世界上有一種神奇的藥丸，吃下去就能讓你變得更美，讓你的五官如你所願地非常立體，比例非常完美，皮膚白皙光滑，身材也很勻稱。如果今天晚上臨睡前，你吃下了一粒這樣的藥丸，然後明天早晨醒來，一照鏡子，發現自己的外表眞的變成了想要的樣子，那你會怎麼度過接下來的一天呢？你的情緒會怎麼樣？你會怎麼對待自己和其他人呢？當你去工作、上學的時候，會有不一樣的表現嗎？除此之外，你還會做哪些原來不會去做的事？請你充分發揮自己的想像力，最好在紙上詳細地寫下來，你這一天的生活將會是怎樣的，大概一張紙就好。

當你完成了上面這個練習之後，請你讀一讀自己的文字，然後問問自己：如果我眞的變美了，我在生活中會做出哪些不同的選擇呢？是不是在工作、學習上更有激情，舉手投足間更自信呢？是不是不再畏首畏尾，更主動直接地和人打交道呢？是不是對自己更友好，更愛護自己了？是不是更有勇氣去追求自己喜歡的人了？是不是在生活中笑得更多，更容易放下不開心的事了？看事情、看未來是不是更積極了？請在你的文字中找出這些不同的情緒、認知和行爲，然後用不同顏色的筆，把它們標注出來。接下來在你標注出來的這些變化裡，看看到底有多少變化和你的外表眞正有關係呢？換句話來說，如果你沒有變美，是否依然可以依靠自己的力量，實現這些變化呢？你眞的需要先變美，才能活得更有風采嗎？

比如說，你可能覺得只有自己變美了，才會在社交中更自信。事實眞的是這樣嗎？你是不是在用「我不夠美」作藉口，來逃避社交呢？再打個比方，你說只有等到自己變美了，才敢去追求喜歡的人。有沒有可能你是在用外表作藉口，掩飾自己的膽怯呢？其實你眞正害怕的不是別的，最有可能的是你內心裡那個聲音：我不夠好，我不會成功。而因爲你的怯懦，你不願意去面對內心的這個聲音，於是就讓自己的肥胖來背這個鍋。

其實很多時候，我們都是在用「我不夠美」這個藉口，去掩飾自己內心的逃避。這種逃避，不僅僅是在身材方面，如果你仔細觀察，會發現在你生活中到處都有它的影子。如果當眞有這樣一顆神奇藥丸，可以一夜間改變我們的外表，那自然最棒了。但是現實生活中，這樣的藥丸並不存在，我們最終要去接受這樣的現實，那就是我們不夠完美。其實，很多你認爲必須要變美之後才能做的事，我們現在就可以著手去做。那些你想要的東西，跟外表壓根沒有多大關係。你需要的，是鼓足勇氣，邁出行動的第一步。

我想跟你分享兩個小故事。一個是蝴蝶結髮夾的故事，你可能聽過。有一個小女孩，她滿臉雀斑，爲此很自卑，不敢抬頭跟老師和同學說話，怕被嘲笑。有一天，她的媽媽給她買了一個非常漂亮的蝴蝶結形狀的髮夾，給她戴上之後稱讚她：「你是這個世界上最美的女孩。」小女孩很開心地去上學，她堅信媽媽的話，所以抬頭挺胸，見到老師和同學也都熱情地打招呼，結果發現大家都對她很友好。可是等回到家她才發現，其實髮夾早在她出門的時候就掉在地上了。

還有一個疤痕的故事，這是一個心理學實驗。研究者們在實驗對象臉上抹了一道很醜的顏料，並且讓他們照鏡子看自己。他們看到鏡子裡的自己簡直像個怪物，又醜又邋遢。然後研究者們把鏡子收走，告訴他們，接下來會繼續在他們臉上塗上更多顏料，然後請他們走到大街上去，不准遮住臉，如果能完成任務，就能領到一筆獎金。接著研究者們就在實驗對象臉上塗抹起來，但實際上，他們只是悄悄把原來的塗料擦掉了。你可以想像得到，這些人上街之後都特別緊張，眼神裡透著羞恥，見了人躲躲閃閃，走路很快，報告說感覺太難受了。

都怪你，要不是因為你，
我早就跟我男神表白了。
你別瞎說啊，
這鍋我可不背。
肥胖君

你可能覺得這只是兩個故事而已，但觀察你身邊，是不是眞的就是這樣？阻礙我們的，常常不是我們所以爲的那些障礙，而是一個心魔，這個心魔就是「我覺得自己不夠好」。這個世界上有很多很美的人，但是他們活得並不開心瀟灑。同樣有很多外表不夠美的人，他們活得卻很精彩。每當你爲自己的外表感到自卑的時候，每當你因爲自己太胖而想回避一些事情的時候，請你提醒自己：我不夠美，但我依然可以去追求想要的東西，我想更開心自在地做自己。爲什麼不從這一刻開始呢？

在減肥中，這樣的心態同樣是很重要的。如果你因爲嫌棄自己胖，而在生活中處處退縮，你就會變成一朵枯萎的花，你的狀態是萎縮的、缺少生命力的。這樣的人，怎麼會有動力去讓自己變得更好呢？而當你內心深處充滿自信，相信自己值得擁有想要的東西時，你的狀態就是飽滿、舒展的，你有充足的力量，減肥自然也不會那麼辛苦。

作業

1. 基於本節的小練習，請從你的文字敘述中，選出三個你今天就可以做出的改變。這些改變可能是認知上的，比如你可以告訴自己：我是有能力的，我對自己有信心，別人是欣賞我的。這些改變也可能是行為上的，比如你可以走出舒適區，去嘗試以前不敢做的事情，像是穿得更性感一些，更主動地跟別人交流，遇到身材苗條的人也不回避。甚至這些改變還可以是情緒上的，比如說當你看著鏡子裡不夠完美的自己，可以輕輕地說一句：「我愛你，我覺得你很有魅力。」

作業

2. 在接下來的一週裡，請做出這樣一個嘗試：假裝自己的確吃了這顆神奇的藥丸，假裝自己真的已經變得更美了，帶著這樣的心態去生活，看看結果如何。

我就是很開心，你管得著嗎？

很多人因爲自己胖而自卑，想藉由瘦下來，找回想要的自信。

我想先潑一盆冷水：藉由減肥來提高自信並不是最有效的方法。你還記得前面講到的身體意象嗎？肥胖不只是生理上的概念，常常是我們心理上的感覺，這種感覺來自哪兒呢？就是不自信。減肥成功，確實可以讓我們更自信一些，但它並不能從根本上解決問題。我們需要在減肥之外，透過心理學來提高自信心。

接著我就給你介紹一個心理學技巧，來自辯證行爲療法（DBT），叫做ABC法則。A、B、C每個字母代表一個英文單詞，一共三個單詞，也就是三個步驟。其實這些我們平常都在做，只是會有很多誤區。

首先，A代表的是accumulate positive experiences，也就是積累正面情緒，這指的是多去做一些開心的事情。這個非常簡單。在生活中我們總會遇到一些不順心的事，這樣的事多了，不但會影響心情，還會打擊我們的自信。可是很多事由不得我們去控制，也常常是預想不到的，所以我們能做的，就是去積累正面情緒，讓這些快樂、滿足、成就感，抵消受到打擊時的壞心情。

你可能覺得，追求快樂不是每個人都在做的事嗎？但其實很多人都很難做到。請記住三個要點：

第一是主動去計畫，要有意識地在生活中留一點兒時間來愉悅自己，不管是做喜歡的事，還是見喜歡的人，買喜歡的東西，都要主動出擊，不要被動等待。我們能看到很多媽媽，她們總是把家人放在自己前面，當自己有需要的時候，就習慣性妥協，把自己的滿足感放在次要位置。所以你會發現她們很容易焦慮，因爲她們連自己都不能滿足，自信也就失去了根基。

第二是留心身邊的正面事件。我們常常想要的太多，所以經常會對各種值得開心的事不屑一顧，只關注各種煩惱。當你經常提醒自己去發現這些快樂時，你的心態就會變得很不一樣。比如你可以留意，當你開心的時候，是不是腦子裡很快就會冒出一個聲音對你說：「這點兒事就高興成這樣，眞沒出息。」或者「這有什麼好開心的，這件事才剛開頭，煩惱還在後面呢。」再或者「這不是很正常嗎，理所當然的事值得高興嗎？」這個時候，請你嘗試勇敢地去肯定：「對，我現在就是感覺開心。」開心，從來不是一件需要去解釋，去費力論證的事情。

當然，這裡說的開心只是一種情況，有時候可能是欣慰、感恩，或者是溫暖、感動、力量感、希望感，等等。

第三是讓自己盡情享受現在。這一點跟前文有點兒像，不要去擔心未來，不要去糾結過去，也不要去想自己夠不夠好，就坦然地活在當下。

B代表的是build mastery，也就是建立成就感，這指的是主動去掌握新技能和新知識，不斷超越自己的舒適區。沒有什麼比「做到以前做不到的事」更激發自信。

請記住三個要點：

第一是每天給自己安排至少一件可以增加成就感的事。這件事可大可小，比如說，每天看半小時書，學10分鐘英語，甚至只是每天記下一件開心的事。這裡的重點是「每天」，不然你會很容易拖延下去。

第二是去做一些有挑戰性，但不會失敗的任務。這裡的小竅門，就是如果這個任務挑戰性不夠大，那做完了也不會特別有成就感；但要是太有挑戰導致最後失敗，自然也不會有成就感。所以，我們需要清楚，怎樣去選擇挑戰的難度。

第三是逐漸增加手頭任務的難度。不要一開始就從最難的任務著手，給自己一個循序漸進的空間。就像減肥，如果你一開始就逼自己每天鍛鍊1小時，很容易就堅持不下去了，但是如果你用前文講到的3分鐘原則，就可以做到原先制訂的計畫。看起來好像變慢了，但其實是更快了。

今天10道英語題全做對了，好開心啊。
這點小事，有什麼好開心的？

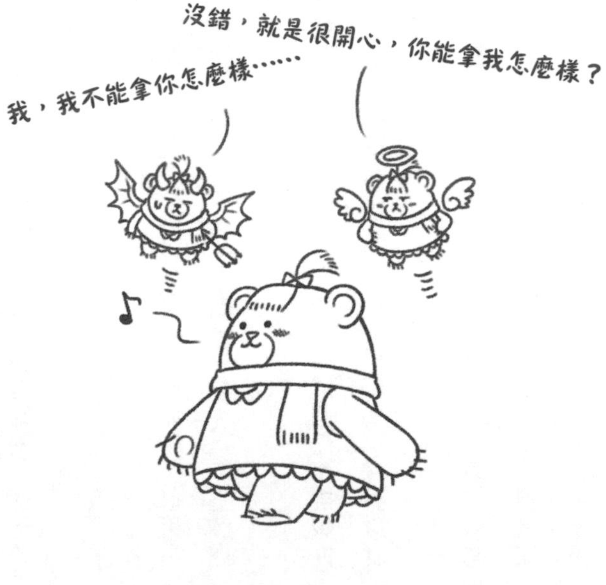
沒錯，就是很開心，你能拿我怎麼樣？
我，我不能拿你怎麼樣……

C代表的是cope ahead，也就是「提前應對挑戰」，這指的是對一些可以預見的挑戰，提前做好準備。這樣當我們遇上難題時，就能更加遊刃有餘地去解決。

怎麼提前準備呢？有四個步驟：

第一是盡可能具體地去描述問題，越客觀越好。比如跟客戶談判是你的弱項，而你第二天就要去談判了，那就要詳細寫下談判的內容、客戶的情況、自己公司的要求等。

第二是提前計畫好會用到什麼技巧，也是越詳細越好。比如說你知道自己容易怯場，那可能要用到DEAR MAN技巧，應該提前把自己想說的話逐字寫下來。

第三是提前演習，可以在大腦裡排練，也可以對著鏡子練，或者找朋友排練。

第四是不斷練習。如果一次練習不夠，多來幾次沒什麼丟人的。

作業

1. 請首先自我審視：你是否因為胖而自卑呢？你想要減肥，是不是因為想要藉由瘦身來找回自信？

2. 在接下來的一週裡，請充分利用本節介紹的ABC法則，透過積累正面情緒，建立成就感，提前應對挑戰來提高自己的自信心。

3. 請對未來一週的生活進行規劃，每天做出一件可以讓自己積累正面情緒的事，然後再做出另一件可以讓自己建立成就感的事，不斷重複下去。

「誘惑」是我的好朋友

關於長期維持減肥成果，我們要先認識兩種心態：一種叫做「無塵心」（clean mind），還有一種叫做「清澈心」（clear mind）。其實這兩種心態來自毒品成癮的臨床治療，你可能會詫異，我們在說減肥，爲什麼會扯到毒品成癮？其實仔細想一想，不論是戒酒，還是戒菸，這個過程和減肥都是很相似的。人爲什麼胖？還不是因爲對不健康的食品（比如高糖分、高脂肪、高鹽分的食品）上癮了，明明知道這樣吃下去對自己的身心健康都不好，但就是改不了自己的行爲。其實臨床上對「糖分上癮」是有大量研究的。不論是要戒菸，還是要戒不健康的飲食習慣，過程是差不多的。首先要逐漸減少上癮行爲的頻率，然後要建立起一個新的、更加健康的生活習慣，去代替上癮行爲，直到上癮行爲不再發生，最後進入長期維持的階段。

什麼是「無塵心」呢？以戒菸爲例，在臨床實踐上，治療菸癮的傳統方式是給病人灌輸這樣一個概念：吸菸是我們最痛恨的行爲，我們要做到在未來的生活中，一口菸都不沾，也就是無論任何情況之下，我們從此都再也不吸菸。「無塵心」描述的就是這樣一種非常嚴格、黑白分明的心態，把上癮行爲的再犯當作是天底下最可恥的事情。如果放到減肥上來的話，「無塵心」大概是這樣的：我這一輩子再也不碰任何甜點或油炸食物；不論任何情況，我堅決不外出就餐，從此再也不叫外賣了；從此我的人生中不再存在「晚餐」。這樣的一些「豪言壯語」我們可能在減肥過程中都說過，但是能不能一直做下去，就要打上一個大大的問號了。「無塵心」並不是完全沒有效果的，對某些人來說，「無塵心」是有用的，有的人的確可以做到一輩子不再抽菸。但是「無塵心」有一個非常大的缺點，就是一旦發生了任何程度的上癮行爲（比如抽了別人一口菸，或者去聚餐，吃了一口甜點），即使這樣的行爲並不很嚴重，也會導致內疚和羞恥的負面情緒，從而使上癮行爲「升級」（比如重新開始抽菸，或者開始暴飲暴食），如此便「舊病復發」。

什麼是「清澈心」呢？在過去的10年間，關於毒品上癮的臨床實踐發生了一些比較大的變化，專業人士慢慢遠離「無塵心」這個概念，開始逐漸運用起「清澈心」這個模型。還是用戒菸來做例子，「清澈心」有兩個假設：第一，我們假設上癮行爲（比如吸菸）在未來是很有可能會復發的，但不一定是「舊病復發」那麼嚴重，遇上菸癮上頭，忍不住抽了一口，這樣的情況非常可能發生；第二，假設上癮行爲復發，這個時候羞恥和內疚是沒有用的，如何能大度地承認錯誤（比如自己忍不住吸了一口菸），並馬上對自己的行爲進行改變才是最有效的（比如丟棄剩下的香菸、面對菸癮採取分散注意力的技巧等）。所以，「清澈心」是把兩個看似相反的概念整合到了一起，一方面我們想盡一切辦法去防止上癮行爲的復發；另一方面我們要提前做好上癮行爲復發的準備，一旦發生，怎麼能夠止損才是重點。把「清澈心」放到減肥上來的話，大概是下面這樣的心態：我們當然不想再次陷入溜溜球式減肥之中，也不想再暴飲暴食，但是人生這麼長，這麼難以預計，我們難免會遇上壓力和誘惑，所以不健康飲食的發生機率幾乎是百分之百的。因此我們需要提前做好準備，當自己暴飲暴食、情緒化進食時，不要驚訝、不要懊悔，我們需要在哪裡跌倒，從哪裡爬起，重新用起在這節中學到的技巧，這才是減肥成功的奧祕。

如何定義減肥的成功呢？很多人會用「無塵心」來要求自己，認爲成功的減肥就是從此體重不會反彈，一直保持健康的飲食習慣，運動從不

間斷，就像電影裡所說的那樣，「王子和公主從此過著幸福快樂的日子」。而我個人認為，真正成功的減肥，是當你因為種種因素，遠離了健康的生活習慣時，可以迅速意識到自己「脫軌」的現實，並以最快的速度「重回正軌」。這樣的詮釋和「清澈心」是一致的，也是和現實更加吻合的。所以，如果你希望可以長期維持減肥成果，那麼請一定要定期提醒自己養成「清澈心」的思維方式。

如果遇上了「脫軌」或者短暫的「挫折」時，除了用「清澈心」，在實踐上應該怎麼去做呢？我希望你可以先完成一份自我檢測表1（P227），看看自己到底在哪裡出了問題。不論你當下有沒有「脫軌」，不妨嘗試來回答下面的問題，看看你現在處於怎樣的狀態。

自我檢測表1

編號	問題	答案
1	在過去的一週裡，你有溜溜球式減肥的情況嗎？	1分：完全沒有 2分：少數時間 3分：多數時間 4分：每天都是
2	在過去的一週裡，你體驗過消極的身體意象嗎？	1分：完全沒有 2分：少數時間 3分：多數時間 4分：每天都是
3	在過去的一週裡，你有過情緒化進食嗎？	1分：完全沒有 2分：少數時間 3分：多數時間 4分：每天都是
4	在過去一週裡，你出現過關於自己體重以及飲食的消極信念嗎？	1分：完全沒有 2分：少數時間 3分：多數時間 4分：每天都是
5	在過去一週裡，你有沒有感覺自己對減肥失去了動機，完全沒有動力？	1分：完全沒有 2分：少數時間 3分：多數時間 4分：每天都是
6	在過去一週裡，你對自己的體重和身材產生過負面情緒嗎？	1分：完全沒有 2分：少數時間 3分：多數時間 4分：每天都是

續表

7	在過去一週裡，你曾對自己的減肥抱有過高、不合實際的期望嗎？	1分：完全沒有 2分：少數時間 3分：多數時間 4分：每天都是
8	在過去一週裡，你對減肥是否有非黑即白的兩極思維？	1分：完全沒有 2分：少數時間 3分：多數時間 4分：每天都是
9	在過去一週裡，你是否過於頻繁地測量自己的體重？	1分：完全沒有 2分：少數時間 3分：多數時間 4分：每天都是
10	在過去一週裡，你是否感覺在減肥的短暫挫敗後一蹶不振？	1分：完全沒有 2分：少數時間 3分：多數時間 4分：每天都是
總分		

如果你的總分高於20分，那就說明你目前的減肥的確出現了一些問題。接下來請你完成另一份自我檢測表2（P230），來看一看你現在使用技能的狀態又是如何。

在第二個測評表中，如果你的總分低於30分，那就說明你目前並沒有用到這本書中講的技巧。如果你現在沒有努力去運用這些技巧，當然會體驗到第一個測評表中出現的問題。

接下來需要做的，就是針對第二個評測表的結果，選出自己應該使用但是沒有使用的技能，然後去復習一下過往的章節，制訂一個詳細的計畫，在接下來的一週裡努力去「重回正軌」。針對第一個測評表的結果，你也可以回顧本書第一章和第二章的內容，「溫故而知新」，去調整自己目前的狀態。在一週之後，你可以利用這兩個測評表，對自己再進行一次檢測，看看還有什麼需要改善的。

自我檢測表2

編號	問題	答案
1	在過去的一週裡，你做到了「112」法則嗎？	1分：完全沒有 2分：少數時間 3分：多數時間 4分：每天都是
2	在過去的一週裡，你遵守了4小時極限法則嗎？	1分：完全沒有 2分：少數時間 3分：多數時間 4分：每天都是
3	在過去的一週裡，你堅持做飲食紀錄嗎？	1分：完全沒有 2分：少數時間 3分：多數時間 4分：每天都是
4	在過去一週裡，你堅持自己購置食材、準備食物嗎？	1分：完全沒有 2分：少數時間 3分：多數時間 4分：每天都是
5	在過去一週裡，你是否去識別並抵禦周圍環境對你的誘惑信號？	1分：完全沒有 2分：少數時間 3分：多數時間 4分：每天都是
6	在過去一週裡，你是否嘗試透過調整飲食計畫降低自己的內疚感（比如讓自己有限制地攝入一些喜歡的食物）？	1分：完全沒有 2分：少數時間 3分：多數時間 4分：每天都是

續表

7	在過去一週裡，你用到過情緒管理法來減少情緒化進食嗎？	1分：完全沒有 2分：少數時間 3分：多數時間 4分：每天都是
8	在過去一週裡，你用到過正念飲食嗎？	1分：完全沒有 2分：少數時間 3分：多數時間 4分：每天都是
9	在過去一週裡，你嘗試過去挑戰自己關於飲食的消極信念嗎？	1分：完全沒有 2分：少數時間 3分：多數時間 4分：每天都是
10	在過去一週裡，你對外出用餐有沒有提前做好準備？	1分：完全沒有 2分：少數時間 3分：多數時間 4分：每天都是
11	在過去一週裡，你有沒有增加附屬運動？	1分：完全沒有 2分：少數時間 3分：多數時間 4分：每天都是
12	在過去一週裡，你有沒有去進行低量高強度運動？	1分：完全沒有 2分：少數時間 3分：多數時間 4分：每天都是

續表

13	在過去一週裡，你堅持做運動紀錄嗎？	1分：完全沒有 2分：少數時間 3分：多數時間 4分：每天都是
14	在過去一週裡，當你想偷懶的時候，有沒有利用3分鐘原則和利弊分析，去挑戰拖延症？	1分：完全沒有 2分：少數時間 3分：多數時間 4分：每天都是
15	在過去一週裡，你有沒有練習漸進肌肉放鬆法，給自己減壓？	1分：完全沒有 2分：少數時間 3分：多數時間 4分：每天都是
總分		

作業

1. 請根據自我測評的結果，進行自我審視：你在目前的減肥中到底遇到了哪些問題？你用到了多少在這本書中教授的技巧？你如何去改善現狀呢？

2. 當你遇到短暫的挫折時，請記住一句話：我們需要用到的是「清澈心」，而不是「無塵心」。透過兩個測評表，讓自己「重回正軌」。

後記

說過很多減肥的道理，希望你過好這一生

我們在第一章充分認識了減肥的常見誤區。很多朋友在減肥過程中走了不少彎路，所以找到過去失敗的原因就很重要。現在市場上有各種減肥方法和產品，但絕大多數減肥方法從本質上來說，都是溜溜球式的減肥，不管這種減肥方式在短時間內能不能有效，最終只會導致體重上升，越減越胖。所以我們在第一章先導正了觀念，了解了好幾個新概念，包括溜溜球式減肥、身體意象、情緒化進食，還有關於飲食的消極觀念。導正了觀念，減肥才有可能成功。

第二章中，我們的目標是爲減肥做好準備工作，打好基礎。很多時候我們把減肥想得過於簡單，認爲少吃多動就可以減肥，但是忽略了其實減肥難在長期堅持。那什麼樣的減肥動機最利於堅持呢？你清楚你能減掉多少公斤了嗎？你現在對自己的胖有什麼不一樣的態度嗎？你做到了每週只測一次體重嗎？減肥是場持久戰，一定要有耐心，不能急於求成。

第三章和第四章是減肥的行動階段，我們學習了怎麼吃、怎麼動，才能事半功倍地瘦下

來，而且不會太累、太痛苦。減肥就是一個數學等式，一邊是能量的攝入，一邊是能量的輸出。大家都懂這個道理，眞正重要的，是怎麼不費力氣地做到。所以我介紹的方法會比較保守，因爲保守的變化更容易堅持下來。這些方法有「112」法則、4小時極限法則、四步情緒管理法、正念飲食、識別環境信號、低量高強度運動、附屬運動等。希望你把這些方法眞正融入每天的生活中，形成新的生活習慣，這才是減肥成功的唯一出路。

第五章其實是我個人最喜歡的部分，因爲一方面，我們在減肥過程中本來就會遇到一些其他方面的困難，比如不自信、人際壓力；另一方面，這些也常常是我們希望透過減肥去解決的問題。所以掌握這些技巧，可以讓我們的減肥過程更順利，同時也能用到生活的其他方面。

相信你還會在減肥的道路上繼續前行，我想給你最後三點建議，希望你在接下來的努力中，能經常想起這三點，給自己加油打氣。

第一，請一定要記住，減肥從來不是一馬平川的直線旅程。在減肥過程中，一定會遇到挫折，一定會遭遇反彈，一定會想去放棄，這些都是正常的，是在我們預料中的。所以你不必過分自責，更不用懷疑自己。減肥的成功與否不是用你的體重來衡量的，而是取決於你在遭遇挫敗時做了什麼選擇。

第二，請一定要記得，正面的身體意象和實際的體重並沒有太大關係，你要愛護自己的身體，接受自己的身體，感恩自己的身體，才會更有機會養成健康的生活習慣，成功瘦下來。所以不論你現階段的減肥成果如何，請珍惜自己的身體。

第三，請不要忘記，你是胖是瘦，跟能不能瀟灑地生活並沒有直接關係。如果你有生活目標，請從今天做起，去追求自己的夢想，不要讓肥胖成爲你的藉口。這樣你的減肥之路反而可能會更加順利。

國家圖書館出版品預行編目資料

想瘦：不挨餓，不費力，自然而然瘦出好體態 / 許夢然著. -- 初版. -- 臺北市：臺灣東販, 2020.11
238面；14.7×21公分
ISBN 978-986-511-511-1(平裝)

1.減重 2.塑身

425.2　　109015098

想瘦

不挨餓，不費力，自然而然瘦出好體態

2020年11月1日初版第一刷發行

著　　者　許夢然
主　　編　陳其衍
美術編輯　竇元玉
發 行 人　南部裕
發 行 所　台灣東販股份有限公司
＜地址＞台北市南京東路4段130號2F-1
＜電話＞(02)2577-8878
＜傳真＞(02)2577-8896
＜網址＞http://www.tohan.com.tw
郵撥帳號　1405049-4
法律顧問　蕭雄淋律師
總 經 銷　聯合發行股份有限公司
＜電話＞(02)2917-8022